öbv

Mathematik verstehen

Arbeitsheft

Prof. Mag. Dr. Bernhard Salzger
Prof.[in] Mag.[a] Judith Bachmann, MPOS
Prof.[in] Mag.[a] Andrea Germ
Prof.[in] Mag.[a] Barbara Riedler
HS-Prof.[in] Mag.[a] Dr.[in] Klaudia Singer
MMag. Dr. Andreas Ulovec

4

Inhaltsverzeichnis

Die Handlungsbereiche sind links neben der Aufgabennummer ersichtlich.

D ... Darstellen, Modellbilden

I ... Interpretieren

O ... Operieren, Rechnen

A ... Argumentieren, Begründen

1 Reelle Zahlen

I **1** Was trifft für jede dieser Zahlen zu? Kreuze an!

	3	$\sqrt{\frac{9}{25}}$	8,004	$\frac{27}{3}$	−1,5	$-\sqrt{64}$	$3{,}5^2$	$-9{,}\dot{9}$	0
natürliche Zahl	☐	☐	☐	☐	☐	☐	☐	☐	☐
ganze Zahl	☐	☐	☐	☐	☐	☐	☐	☐	☐
rationale Zahl	☐	☐	☐	☐	☐	☐	☐	☐	☐

D I **2** Schreibe die Zahl – wenn möglich – in Bruchdarstellung an! Kreuze Zutreffendes an!

a) 3,7 ☐ möglich: ____________ ☐ nicht möglich

b) 12 ☐ möglich: ____________ ☐ nicht möglich

c) $\sqrt{5}$ ☐ möglich: ____________ ☐ nicht möglich

d) $-0{,}\dot{4}$ ☐ möglich: ____________ ☐ nicht möglich

e) $\sqrt{49}$ ☐ möglich: ____________ ☐ nicht möglich

f) 0 ☐ möglich: ____________ ☐ nicht möglich

D **3** Schreibe die Zahl in der endlichen bzw. in der periodischen Dezimaldarstellung an!

a) $\frac{1}{8} =$ ____________ **c)** $\sqrt{\frac{1}{16}} =$ ____________ **e)** $-\frac{10}{11} =$ ____________ **g)** $\sqrt{\frac{81}{100}} =$ ____________

b) $-\frac{1}{9} =$ ____________ **d)** $-\sqrt{\frac{1}{9}} =$ ____________ **f)** $\frac{7}{20} =$ ____________ **h)** $\sqrt{\frac{100}{81}} =$ ____________

D O **4** Ein Quadrat hat die Seitenlänge a = 3 cm. Schreibe die Länge d der Diagonalen des Quadrats

1) als Wurzel aus einer reellen Zahl an: ____________ cm

2) in Dezimaldarstellung auf Hundertstel gerundet an: ____________ cm

3) in Dezimaldarstellung auf Zehntausendstel gerundet an: ____________ cm

D O **5** Ein Rechteck hat die Seitenlängen a = 5 cm und b = 7 cm. Schreibe die Länge d der Diagonalen des Rechtecks

1) als Wurzel aus einer reellen Zahl an: ____________ cm

2) in Dezimaldarstellung auf Hundertstel gerundet an: ____________ cm

3) in Dezimaldarstellung auf Zehntausendstel gerundet an: ____________ cm

D **6** Schreibe die Zahl $\frac{9}{17}$ in Dezimaldarstellung **1)** auf Hundertstel gerundet an: ____________

2) auf Zehntausendstel gerundet an: ____________

O **7** Vervollständige die Tabelle! Runde gegebenenfalls auf Hundertstel!

n^2						75				1000
$2n$		6			14					
n	1			6						
$\frac{n}{2}$							6		24,5	
$\sqrt{n}$			2					5,5		

D I **8** Schreibe alle Zahlen $\sqrt{0}, \sqrt{1}, \sqrt{2}, \sqrt{3}, \ldots, \sqrt{20}$ in das jeweils zutreffende Feld!

rationale Zahlen **irrationale Zahlen**

O **9** Ergänze die beiden fehlenden Zahlen korrekt und achte darauf, dass diese verschieden sind!

a) $\_\_\_\_\_^2 = 16$ $(\_\_\_\_\_)^2 = 16$

b) $\_\_\_\_\_^2 = 81$ $(\_\_\_\_\_)^2 = 81$

c) $\left(\_\_\_\_\_\right)^2 = \frac{4}{25}$ $\left(\_\_\_\_\_\right)^2 = \frac{4}{25}$

d) $\left(\_\_\_\_\_\right)^2 = \frac{121}{144}$ $\left(\_\_\_\_\_\right)^2 = \frac{121}{144}$

e) $\_\_\_\_\_^2 = 6{,}25$ $(\_\_\_\_\_)^2 = 6{,}25$

f) $\_\_\_\_\_^2 = 108{,}16$ $(\_\_\_\_\_)^2 = 108{,}16$

A **10** Begründe, dass es keine reelle Zahl x mit $x^2 = -100$ gibt!

Begründung: ____

____

O **11** Berechne, wenn möglich, im Kopf!

a) $\sqrt{4} + \sqrt[3]{8} =$ ____________

b) $\sqrt{49} - \sqrt[3]{27} =$ ____________

c) $\sqrt[3]{729} - \sqrt{196} =$ ____________

d) $\sqrt{324} + \sqrt[4]{81} =$ ____________

e) $\sqrt{\frac{1}{4}} + \sqrt[3]{\frac{1}{8}} =$ ____________

f) $\sqrt[6]{64} - \sqrt[6]{1} =$ ____________

O **12** Berechne: $\sqrt[4]{\sqrt[3]{\sqrt{16777216}}} =$ ____________________

O **13** Berechne im Kopf!

a) $\sqrt{2} \cdot \sqrt{8} =$ ____________________

b) $\sqrt{3} \cdot \sqrt{27} =$ ____________________

c) $\sqrt{5} \cdot \sqrt{9,8} =$ ____________________

d) $\sqrt{8} \cdot \sqrt{15,125} =$ ____________________

e) $\sqrt{32} \cdot \sqrt{4,5} =$ ____________________

f) $\sqrt{3,2} \cdot \sqrt{125} =$ ____________________

O **14** Berechne im Kopf!

a) $\frac{\sqrt{12}}{\sqrt{3}} =$ ____________________

b) $\frac{\sqrt{45}}{\sqrt{5}} =$ ____________________

c) $\frac{\sqrt{50}}{\sqrt{2}} =$ ____________________

d) $\frac{\sqrt{200}}{\sqrt{2}} =$ ____________________

e) $\frac{\sqrt{405}}{\sqrt{5}} =$ ____________________

f) $\frac{\sqrt{1440}}{\sqrt{10}} =$ ____________________

I **15** Sind die folgenden Aussagen richtig oder falsch? Kreuze an!

	richtig	falsch
Wurzeln mit gleichem Wurzelexponenten werden addiert, indem man die Wurzel aus der Summe der Radikanden zieht.	☐	☐
Wurzeln mit gleichem Wurzelexponenten werden multipliziert, indem man die Wurzel aus dem Produkt der Radikanden zieht.	☐	☐
Wurzeln mit gleichem Wurzelexponenten werden subtrahiert, indem man die Wurzel aus der Differenz der Radikanden zieht.	☐	☐
Wurzeln mit gleichem Wurzelexponenten werden dividiert, indem man die Wurzel aus dem Quotienten der Radikanden zieht.	☐	☐

D O **16** Forme den Term durch partielles Wurzelziehen um!

a) $\sqrt{8}$ – ____________________

b) $\sqrt{63} =$ ____________________

c) $\sqrt{275} =$ ____________________

d) $\sqrt{9n} =$ ____________________

e) $\sqrt{18a^2b} =$ ____________________

f) $\sqrt{252c^4d^6} =$ ____________________

I **17** Beschreibe für die Umformung $\sqrt{3888} = 2\sqrt{972} = 4\sqrt{243} = 12\sqrt{27} = 36\sqrt{3}$ jeden einzelnen Schritt mit eigenen Worten!

____

____

____

____

____

O **18** Zeichne in das gegebene Rechteck eine Diagonale d ein und gib ohne zu messen deren Länge mit Hilfe einer Wurzel an!

a)

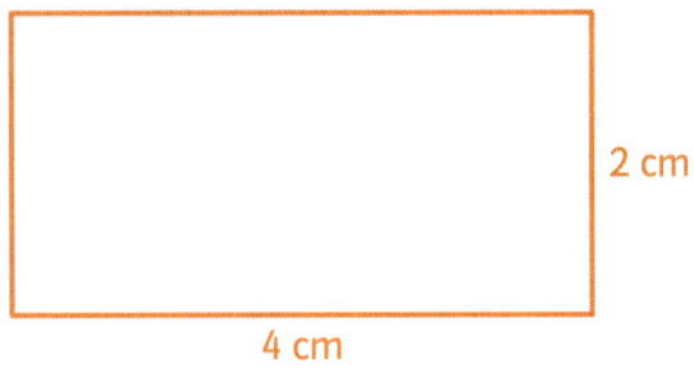

d = ____________________

c)

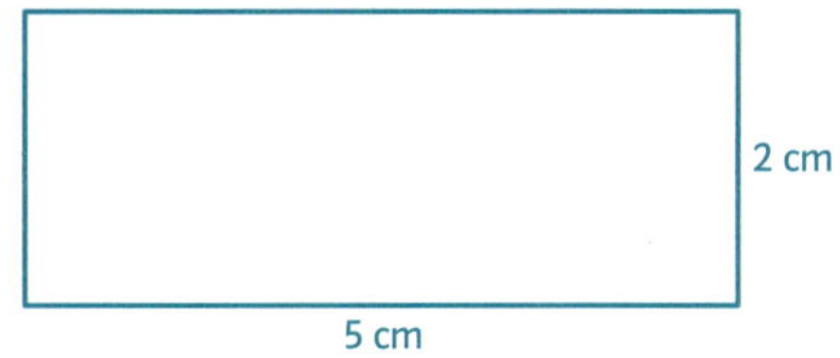

d = ____________________

b)

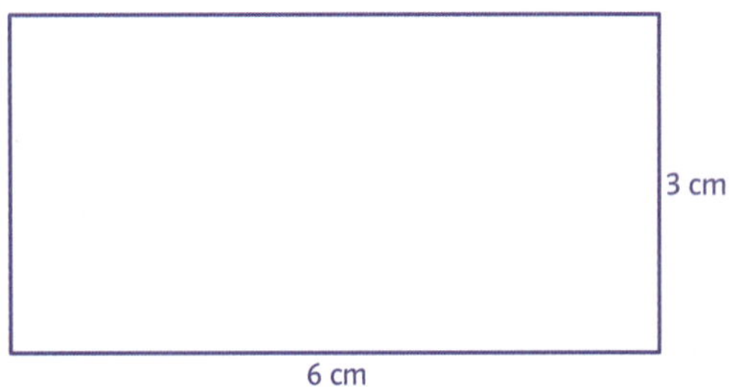

d = ____________________

d)

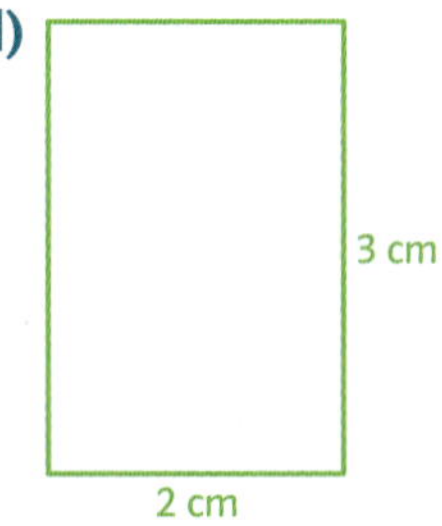

d = ____________________

D O **19** Stelle die Zahl $\sqrt{13}$ mit Hilfe der grafischen Vorgabe als Punkt auf der Zahlengeraden dar!

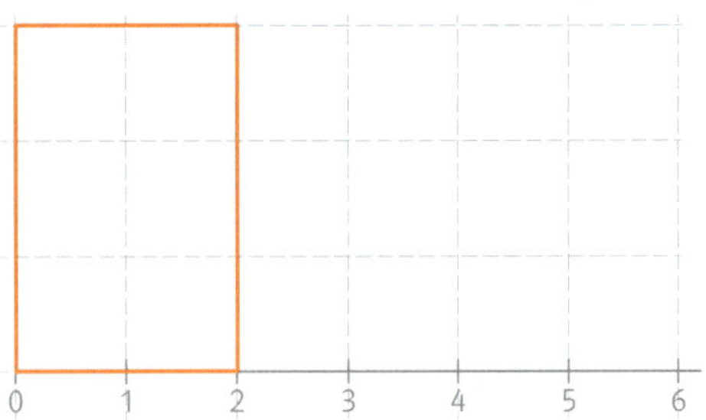

D O **20** Stelle die Zahl $2\sqrt{10}$ mit Hilfe der grafischen Vorgabe als Punkt auf der Zahlengeraden dar!

I A **21** Ermittle die Dezimaldarstellung der Zahl $3\sqrt{3}$ auf eine Nachkommastelle gerundet und begründe, dass diese Zahl als Maßzahl im nebenstehend abgebildeten rechtwinkeligen Dreieck vorzufinden ist!

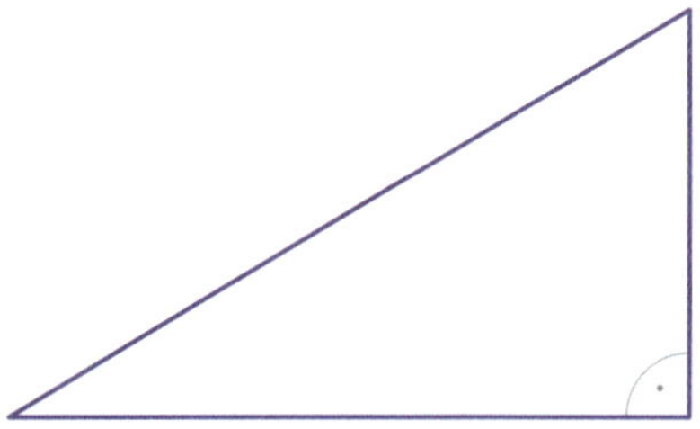

$3\sqrt{3} \approx$ ____________________

Begründung: ____________________

____

____

____

O A **22** Runde das Ergebnis sinnvoll und erkläre, warum du gerade so gerundet hast!

a) Ein rechteckiger Garten hat einen Flächeninhalt von $327\,m^2$. Der Garten ist 21 m lang. Berechne die Breite des Gartens!

Rechnung und gerundetes Ergebnis: ______

Erklärung: ______

b) Die Länge der Strecke Steyr – Graz ist in einem Straßenatlas mit 194 km angegeben. Die Strecke Steyr – Gmunden beträgt nur ca. ein Drittel dieser angegebenen Länge. Berechne die Länge der Strecke Steyr – Gmunden!

Rechnung und gerundetes Ergebnis: ______

Erklärung: ______

c) Für ein Holzregal soll ein zwei Meter langes Holzbrett in sieben gleich lange Teile für die Einlagebretter gesägt werden. Berechne die Länge eines solchen Einlagebretts!

Rechnung und gerundetes Ergebnis: ______

Erklärung: ______

d) Haare können je nach Farbe und Erdregion verschiedene Durchmesser haben. Menschen in Asien haben meist schwarze Haare mit einem Durchmesser bis zu 0,14 mm. Menschen in Europa hingegen können feine Haare mit einem Durchmesser von nur 0,021 mm haben. Berechne das arithmetische Mittel aus diesen beiden Maßen für die Angabe der durchschnittlichen Dicke eines Menschenhaares!

Rechnung und gerundetes Ergebnis: ______

Erklärung: ______

I **23** Ergänze den Text durch korrektes Zuordnen der Begriffe!

Ist eine Zahl ______, so ______ sie gerundet werden, wenn man sie in ______ angeben möchte. Ist eine Zahl ______, so kann sie keine Nachkommastellen aufweisen oder ______ gerundet werden, wenn man sie in ______ angeben möchte; sie kann aber auch eine ______ haben und daher besser in ______ angeschrieben werden.

Dezimaldarstellung | *muss* | *Periode* | *Bruchdarstellung* | *rational* | *kann* | *Dezimaldarstellung* | *irrational*

D **24** Stelle durch Erweitern oder partielles Wurzelziehen die Zahl so dar, dass der Nenner rational ist!

a) $\frac{1}{\sqrt{2}} =$ ______

b) $\frac{5}{\sqrt{3}} =$ ______

c) $\frac{10}{2\sqrt{5}} =$ ______

d) $\frac{\sqrt{3}}{\sqrt{12}} =$ ______

e) $\frac{\sqrt{18}}{\sqrt{32}} =$ ______

f) $\frac{49}{\sqrt{7}} =$ ______

D **25** Gib c in der Form $x \pm y$ an!

a) $29 \leq c \leq 31$ ______

b) $75 \leq c \leq 80$ ______

c) $3{,}7 \leq c \leq 4{,}3$ ______

d) $0{,}12 \leq c \leq 0{,}38$ ______

e) $5{,}8 \leq c \leq 5{,}9$ ______

f) $14{,}005 \leq c \leq 14{,}0055$ ______

D **26** Gib d in Form einer Ungleichungskette an!

a) $d = 9 \pm 0{,}5$ ______

b) $d = 14 \pm 1{,}12$ ______

c) $d = 52{,}1 \pm 0{,}15$ ______

d) $d = 0{,}4 \pm 1{,}9$ ______

e) $d = 20{,}01 \pm 5{,}67$ ______

f) $d = 99{,}999 \pm 10{,}001$ ______

I **27** Sind die Aussagen richtig oder falsch? Kreuze an!

	richtig	falsch
Die Zahl 3 ist eine untere Schranke der Zahl $\sqrt{15}$.	☐	☐
Die Zahl 5 ist die kleinste obere Schranke der Zahl $\sqrt{24}$.	☐	☐
Die Zahl $\sqrt{2}$ hat keine untere Schranke, die kleiner als 0 ist.	☐	☐
Jede Zahl, die größer als 10 000 ist, ist obere Schranke der Zahl $\sqrt{1000}$.	☐	☐
Die einzige obere Schranke der Zahl $4\sqrt{5}$ ist 9.	☐	☐

D **28** Wähle für die gekennzeichnete Zahl eine untere und eine obere Schranke aus, markiere diese Teilmenge auf der Zahlengeraden und vervollständige sowohl die Ungleichungskette als auch die Intervallschreibweise!

a)
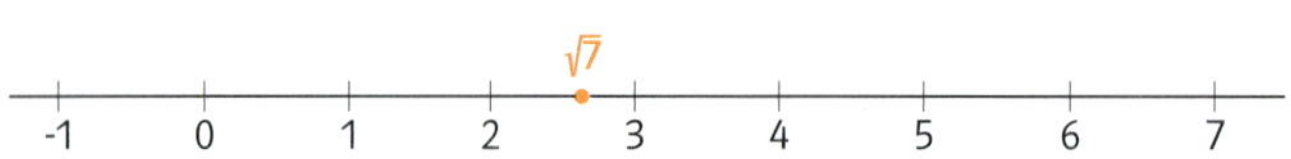

______ $\leq \sqrt{7} \leq$ ______

$\sqrt{7} \in [$ ______ ; ______ $]$

b)
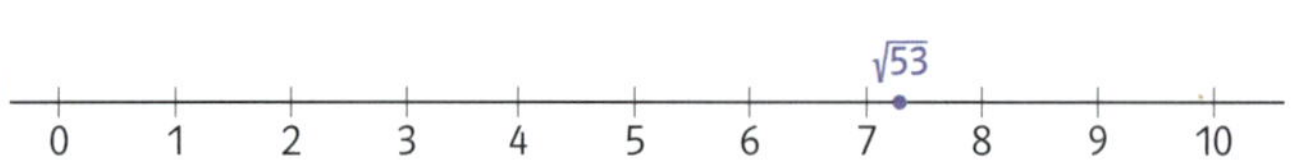

______ $\leq \sqrt{53} \leq$ ______

$\sqrt{53} \in [$ ______ ; ______ $]$

c)

______ $\leq \sqrt{0{,}2} \leq$ ______

$\sqrt{0{,}2} \in [$ ______ ; ______ $]$

d)
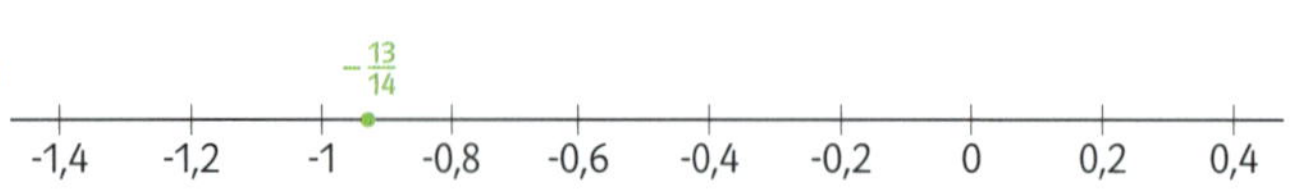

______ $\leq -\frac{13}{14} \leq$ ______

$-\frac{13}{14} \in [$ ______ ; ______ $]$

e)

______ $\leq -2{,}\dot{3} \leq$ ______

$-2{,}\dot{3} \in [$ ______ ; ______ $]$

f)
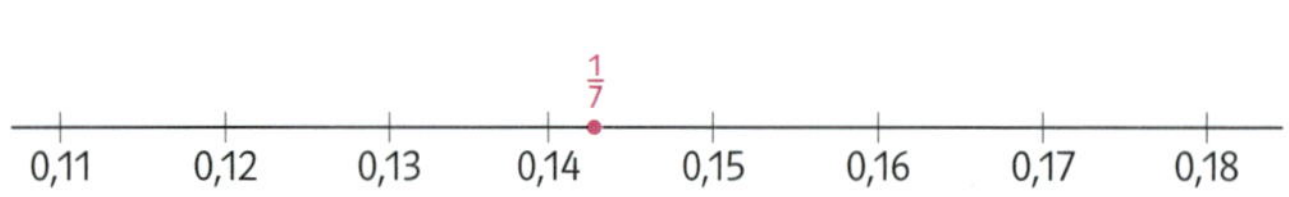

______ $\leq \frac{1}{7} \leq$ ______

$\frac{1}{7} \in [$ ______ ; ______ $]$

O A **29** Überprüfe, ob für die beiden reellen Zahlen $\sqrt{5}$ und $-\frac{2}{7}$ das Kommutativgesetz **1)** der Addition, **2)** der Multiplikation gilt!

1) **2)**

O A **30** Überprüfe, ob für die drei reellen Zahlen $\sqrt{3}$, $-\frac{3}{2}$ und 8,25 das Assoziativgesetz **1)** der Addition, **2)** der Multiplikation gilt!

1) **2)**

I **31** Gegeben sind die reelle Zahl r und vier Elemente aus den Gesetzmäßigkeiten für reelle Zahlen. Ordne jedes Element dem jeweils entsprechenden Begriff zu, indem du den zutreffenden Buchstaben einträgst!

neutrales Element bezüglich der Addition	
neutrales Element bezüglich der Multiplikation	
inverses Element bezüglich der Addition	
inverses Element bezüglich der Multiplikation	

A	1
B	$-r$
C	$\frac{1}{r}$
D	0

O A **32** Überprüfe, ob für die drei reellen Zahlen $\sqrt{5}$, $-\sqrt{6}$ und $\sqrt{7}$ das Distributivgesetz gilt!

O **33** Berechne geschickt!

a) $\sqrt{18}\cdot\sqrt{2}-\left(\frac{1}{3}+5\frac{2}{9}\right):\frac{6}{3\cdot\sqrt{5}-1}=$ ______

b) $\frac{1}{8}\cdot(5\sqrt{3}-\sqrt{75})+\frac{\sqrt{2}+\sqrt{2}}{2}\cdot3\sqrt{2}=$ ______

c) $\left(\frac{\sqrt{64}}{\sqrt{8}}\right)^2\cdot\frac{5}{12}-\frac{\sqrt{80}}{\sqrt{5}}\cdot\frac{1}{4}=$ ______

d) $2{,}25\cdot\left(\frac{2}{3}-1{,}\dot{3}\right)^2-8:\left(\sqrt{20^2-(14\sqrt{2})^2}\right)^2=$ ______

D **34** Ergänze in der Abbildung die Bezeichnungen der beiden fehlenden Zahlenmengen!

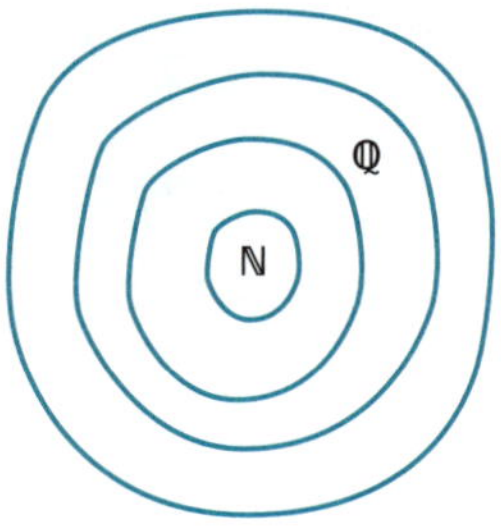

O I **35** Welcher Zahlenmenge gehört das Ergebnis der Rechnung an? Berechne und kreuze danach die zutreffende(n) Menge(n) an!

a) $7{,}5 + 8{,}2 - 16{,}7 =$ ______ ☐ ℕ ☐ ℤ ☐ ℚ ☐ ℝ

b) $9{,}25 - 13\frac{3}{4} + 6{,}5 =$ ______ ☐ ℕ ☐ ℤ ☐ ℚ ☐ ℝ

c) $3 \cdot \frac{5}{9} \cdot (\sqrt{56} - 2\sqrt{14}) =$ ______ ☐ ℕ ☐ ℤ ☐ ℚ ☐ ℝ

d) $2\sqrt{2} + 3\sqrt{3} + 4\sqrt{4} =$ ______ ☐ ℕ ☐ ℤ ☐ ℚ ☐ ℝ

e) $\frac{2}{3} - \frac{5}{3} - 4{,}\dot{3} + 1 =$ ______ ☐ ℕ ☐ ℤ ☐ ℚ ☐ ℝ

f) $2 \cdot 3 \cdot 4^2 \cdot 5 \cdot \sqrt{17} =$ ______ ☐ ℕ ☐ ℤ ☐ ℚ ☐ ℝ

O I A **36** Frau Sinnreich besitzt einen Acker, der 84,6 m lang und 27,2 m breit ist. Da in diesem Bereich eine neue Straße gebaut werden soll, soll ihr von der Gemeinde in einiger Entfernung ein flächeninhaltsgleicher quadratischer Acker zur Verfügung gestellt werden, der eine Seitenlänge von 48 m hat.

1) Kann Frau Sinnreich diesem Tausch guten Gewissens zustimmen? ☐ Ja. ☐ Nein.

2) Wer profitiert von diesem Tausch etwas mehr, Frau Sinnreich oder die Gemeinde? Begründe die Antwort!

______

______

3) Rechne ganz genau: Welcher Zahlenmenge bzw. welchen Zahlenmengen gehört die Maßzahl des Flächeninhalts des rechteckigen Ackers an? Trifft das auch für die errechnete Seitenlänge des quadratischen Ackers zu?

______

______

D O **37** Herr Prokesch beschleunigt mit seinem Motorrad annähernd konstant vom Stand weg. Die Beschleunigung ist mit $a \approx 4{,}63\,m/s^2$ gegeben. Berechne seine Geschwindigkeit v zu dem Zeitpunkt in km/h, an dem er bereits $s = 83{,}\dot{3}\,m$ zurückgelegt hat, und runde sinnvoll! Verwende dazu die Formel $v = \sqrt{2 \cdot a \cdot s}$!

2 Variablen, Terme, Gleichungen

Termstrukturen

I **38** Ordne die angegebenen Terme gemäß ihrer Grobstruktur zu!

$5a + 3b$ | $3(a + b)$ | $\frac{2x}{3}$ | $\frac{x}{3} - 1$ | $6 + ab$ | $m^2 - 2n$ | $a^r - a^s$ | $3ab + 4c$

$a^3 - 27$ | $\frac{a+3}{b-2}$ | $(3a - 5b) \cdot b$ | $(x + y)^2 - z^2$ | $\frac{c}{3} + \frac{d}{4}$ | $\left(\frac{1}{x} - \frac{1}{y}\right) \cdot (x + y)$

$\frac{a^4 - b^2}{36}$ | $a^2(a - b) + b^2(b - a)$ | $5x : \frac{3x}{y}$ | $4(a - bc)$ | $(2a)^3 \cdot 2a$ | $24x : 16a$

Summe	Differenz	Produkt	Quotient

D I **39** Schreibe zu der angegebenen Termstruktur zwei Beispiele an!

a) $A \cdot B$

b) $A \cdot B + C$

c) $A + B \cdot C$

d) $A \cdot (B + C)$

e) $(A - B) \cdot C$

f) $\frac{A}{B} - C$

g) $\frac{A + B}{C}$

D **40** Führe den Term der Grobstruktur $A \cdot B + A \cdot C$ durch Herausheben in die Struktur $A \cdot (B + C)$ über!

a) $12a + 6b$ ______ **e)** $16x + 16$ ______

b) $16x^2 - 24$ ______ **f)** $8 - 6t$ ______

c) $2ab - 6b$ ______ **g)** $18x^2 - 18x$ ______

d) $14x^2 - 21x$ ______ **h)** $12a^3 + 12a$ ______

O I **41** Gib den Faktor an, der herausgehoben worden ist!

a) $20 + 15a = \_\_\_\_\_ \cdot (4 + 3a)$

b) $2ab - ac = \_\_\_\_\_ \cdot (2b - c)$

c) $\frac{1}{2}x - y = \_\_\_\_\_ \cdot (x - 2y)$

d) $x + \frac{1}{3} = \_\_\_\_\_ \cdot (3x + 1)$

e) $-6x - 3y = \_\_\_\_\_ \cdot (2x + y)$

f) $-18b^2 - 9b = \_\_\_\_\_ \cdot (2b + 1)$

g) $\frac{4}{3}m - \frac{1}{3}n = \_\_\_\_\_ \cdot (4m - n)$

h) $-\frac{5}{6}x^2 - \frac{5}{6} = \_\_\_\_\_ \cdot (x^2 + 1)$

D I **42** Jeder dieser Terme hat die Struktur $A \cdot B + C$. Gib für A, B und C mögliche Terme an, welche die angeführte Termstruktur ergeben!

a) $3ab + 5$	A: _____	B: _____	C: _____
b) $2xy - \frac{z}{2}$	A: _____	B: _____	C: _____
c) $\frac{m}{3} - \frac{n}{2}$	A: _____	B: _____	C: _____
d) $\frac{2x}{3} + 4{,}5 \cdot \frac{y}{z}$	A: _____	B: _____	C: _____

I **43** Welche Terme sind zu dem angegebenen Term gleichwertig? Kreuze an!

a) $2(a + b) + 4c$	☐ $2a + 2b + 4c$	☐ $2(a + b + 2c)$	☐ $2(a + b + 4c)$
b) $xy + z + xz$	☐ $x(y + z + 1)$	☐ $x(y + z) + z$	☐ $xy + z(x + 1)$
c) $10 + \frac{5a}{2}$	☐ $\frac{10 + 5a}{2}$	☐ $5\left(2 + \frac{a}{2}\right)$	☐ $10\left(1 + \frac{a}{4}\right)$
d) $\frac{p}{10} - 2q$	☐ $\frac{1}{10}(p - 20q)$	☐ $p\left(\frac{1}{10} - 2\right)$	☐ $-\frac{1}{5}\left(10q - \frac{p}{2}\right)$

Terme addieren und subtrahieren

D O **44** Vereinfache den Term so weit wie möglich!

a) $5a - 3a + 7a - a = \_\_\_\_\_$

b) $4ab - 8ab + 3ab - 2ab = \_\_\_\_\_$

c) $x^2 + 3x^2 - 7x^2 + x^2 = \_\_\_\_\_$

d) $ef - 3ef + 6ef + 7ef = \_\_\_\_\_$

D O **45** Vereinfache den Term so weit wie möglich!

a) $x^2 + 4x^2 + (16x^2 - 3x^2 + 23x^2) = \_\_\_\_\_$

b) $16a^2b - (24a^2b + 8a^2b - 6a^2b + 12a^2b) = \_\_\_\_\_$

c) $\frac{1}{2}xy^2 - \left(\frac{3}{2}xy^2 + \frac{5}{2}xy^2 - \frac{7}{2}xy^2 + xy^2\right) = \_\_\_\_\_$

d) $0{,}14ef - 0{,}96ef + (ef - 0{,}23ef - 0{,}17ef) = \_\_\_\_\_$

e) $9c^3d + \frac{1}{2}c^3d - (0{,}25c^3d - 2c^3d) = \_\_\_\_\_$

f) $(pq^4 - 3pq^4) + (8pq^4 + 3pq^4) - (7pq^4 + 5pq^4) = \_\_\_\_\_$

g) $0{,}\dot{3}r^5 - (1{,}\dot{6}r^5 + 0{,}\dot{9}r^5 - 2{,}\dot{3}r^5) = \_\_\_\_\_$

D O **46** Vereinfache den Term so weit wie möglich!

a) $2abc - 4abd + 8abc + 4abd =$ ______

b) $3u^2v + 4uv^2 - 6u^2v + 6uv^2 =$ ______

c) $1 - (x^2 - y^2 - 29x^2 - 59y^2) =$ ______

d) $-\frac{1}{2}x^2 + \frac{1}{2}\left(x^2 - y^2 + \frac{3}{2}y^2\right) =$ ______

D I **47** Gib einen möglichst einfachen Term für den Umfang u und den Flächeinhalt A der abgebildeten Figur an!

a)

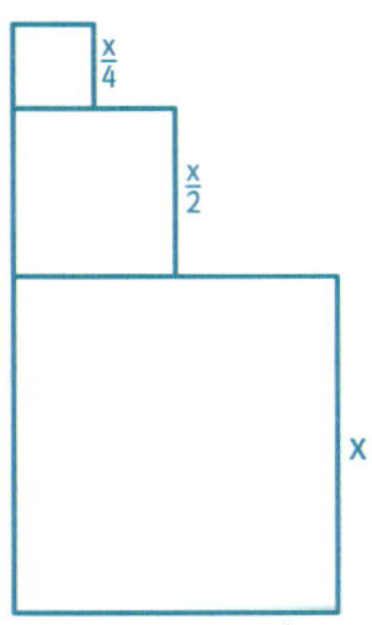

u = ______

A = ______

b)

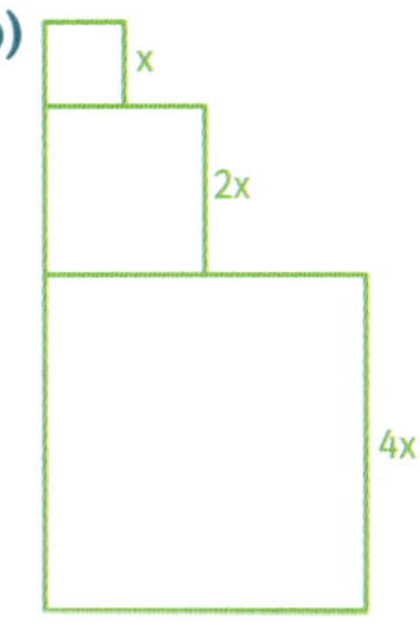

u = ______

A = ______

Terme multiplizieren

I **48** Welche Umformung ist korrekt? Kreuze an!

a) $4x \cdot x$ ☐ $5x$ ☐ $4x^2$ ☐ $2x^2$ ☐ $4x + 1$

b) $4a \cdot 2b^2$ ☐ $8ab^2$ ☐ $6ab^2$ ☐ $8a^2b^2$ ☐ $8(ab)^3$

c) $4x^3 \cdot 3x^2$ ☐ $7x^5$ ☐ $7x^6$ ☐ $12x^6$ ☐ $12x^5$

d) $-\frac{1}{4}e \cdot 16f$ ☐ $4ef$ ☐ $-4ef$ ☐ $4(ef)^2$ ☐ $(-4ef)^2$

D **49** Stelle als eine einzige Potenz dar!

a) $a^5 \cdot a^7 =$ ______

b) $4 \cdot (3a^2) =$ ______

c) $(-b) \cdot b^2 =$ ______

d) $(-4)^2 \cdot (-a)^2 =$ ______

e) $a^3 \cdot (-b)^2 =$ ______

f) $4a^2 \cdot 5a =$ ______

D **50** Stelle als ein Monom (als einen eingliedrigen Term) dar!

a) $x^2 \cdot (-x) \cdot y =$ ______

b) $5 \cdot x^2 \cdot (-y)^2 =$ ______

c) $24x^2 \cdot \frac{1}{2}y^2 =$ ______

d) $\frac{1}{2}a^3 \cdot 4a =$ ______

e) $\frac{3}{4}s \cdot (-s)^2 =$ ______

f) $\left(-\frac{2}{5}b\right)^2 \cdot b =$ ______

D **51** Stelle als Summe bzw. Differenz dar!

a) $2(a+3b)+4(2a-7b)+6(a+b)=$ ______

b) $\frac{1}{2}(x^2+x)+2(x^2-x)+\frac{1}{2}(x+1)-\frac{3}{2}(x^2+1)=$ ______

c) $\frac{2}{5}x(x+1)-\frac{1}{5}x(x-1)-\frac{3}{5}(x^2+x)=$ ______

D O **52** Multipliziere und fasse, wenn möglich, zusammen!

a) $(2a+3)(4a+1)=$ ______

b) $(3x+1)(4x-2)=$ ______

c) $(2b-3)(4b-4)=$ ______

d) $(x^2+x)(x^3-1)=$ ______

Die binomischen Formeln

D O **53** Stelle als Summe bzw. Differenz dar!

a) $(a+4)^2=$ ______

b) $(2x+1)^2=$ ______

c) $(2x-3y)^2=$ ______

d) $(3x^2-1)^2=$ ______

e) $(a+3)(a-3)=$ ______

f) $(2b+1)(2b-1)=$ ______

D O **54** Stelle als Summe bzw. Differenz dar!

a) $\left(\frac{x}{2}+1\right)^2=$ ______

b) $\left(\frac{2a}{3}+3\right)^2=$ ______

c) $\left(\frac{2x}{3}-\frac{1}{3}\right)^2=$ ______

d) $\left(\frac{b}{2}-\frac{1}{2}\right)^2=$ ______

e) $\left(x+\frac{1}{2}\right)\cdot\left(x-\frac{1}{2}\right)=$ ______

f) $\left(\frac{2}{3}a-\frac{1}{3}b\right)\cdot\left(\frac{2}{3}a+\frac{1}{3}b\right)=$ ______

D O **55** Stelle den Term als Produkt dar!

a) $x^2+2xy+y^2=$ ______

b) $b^2+2b+1=$ ______

c) $a^2-8a+16=$ ______

d) $4x^2+12x+9=$ ______

D O **56** Stelle den Term als Produkt dar!

a) $x^2-y^2=$ ______

b) $x^2-81y^2=$ ______

c) $100a^2-64b^2=$ ______

d) $16x^4-9y^2=$ ______

O I **57** Ergänze die Gleichung unter Beachtung der binomischen Formeln!

a) $($ ______ $+y)^2=$ ______ $+2xy+$ ______

b) $(2a-$ ______ $)^2=$ ______ $-$ ______ $+16b^2$

c) $($ ______ $+3)^2=$ ______ $+12b+$ ______

d) $(a-$ ______ $)^2=$ ______ $-$ ______ $+\frac{1}{4}b^2$

Mit Bruchtermen arbeiten

O **58** Ermittle, wenn möglich, den Wert jedes Bruchterms für den jeweils angegebenen Wert der Variablen!

Bruchterm	x = −2	x = −1	x = 0	x = 1	x = 2
$\frac{1}{x}$					
$\frac{1}{x-2}$					
$\frac{2x}{x-2}$					
$\frac{1}{x^2}$					
$\frac{2x}{(x-2)^2}$					
$\frac{1}{2+x}$					
$\frac{x}{x^2+1}$					
$\frac{3}{1-x^2}$					

O I **59** Gib die Zahl(en) an, welche die Variable(n) im Nenner nicht annehmen darf (dürfen)!

a) $\frac{12a}{a-4}$ ____________ **d)** $\frac{75e^2}{f^2(e^2-1)}$ ____________

b) $\frac{16x^2}{x^2-1}$ ____________ **e)** $\frac{1}{3+x^2}$ ____________

c) $\frac{x+y}{a(a+2)}$ ____________ **f)** $\frac{2y}{8+y^3}$ ____________

Erweitern und kürzen

D O **60** Erweitere so, dass sich ein äquivalenter Bruchterm ergibt! Welche Bedingungen muss die Variable (müssen die Variablen) erfüllen?

a) $\frac{3}{a} = \frac{3b}{\_\_\_}$ ____________ **c)** $\frac{bc}{2} = \frac{2abc}{\_\_\_}$ ____________ **e)** $\frac{8pq}{p^2} = \frac{32p^2q^2}{\_\_\_}$ ____________

b) $\frac{9x}{4y} = \frac{\_\_\_}{4xy}$ ____________ **d)** $2x^2 = \frac{16x^2yz}{\_\_\_}$ ____________ **f)** $\frac{1}{x+2} = \frac{2}{\_\_\_}$ ____________

I **61** Welcher der Bruchterme kann durch Erweitern entstehen? Kreuze an!

a) $\frac{2}{x}$ ☐ $\frac{2x}{x^2}$ ☐ $\frac{2a}{ax}$ ☐ $\frac{4}{x^2}$ ☐ $\frac{2x}{x+1}$ ☐ $\frac{2(x+1)}{x^2+x}$

b) $\frac{3}{x+1}$ ☐ $\frac{6}{2(x+1)}$ ☐ $\frac{3x}{x^2+x}$ ☐ $\frac{3(x-1)}{x^2-1}$ ☐ $\frac{6x}{x^2+x}$ ☐ $\frac{3(x+1)}{(x+1)^2}$

c) $\frac{x+y}{x-y}$ ☐ $\frac{x^2+y^2}{x^2-y^2}$ ☐ $\frac{(x+y)^2}{x^2-y^2}$ ☐ $\frac{x(x+y)}{x(x-y)}$ ☐ $\frac{x^2-y^2}{(x-y)^2}$ ☐ $\frac{2x+y}{2x-y}$

d) $\frac{4x^2-1}{4x^2}$ ☐ $\frac{8x^2-1}{8x^2}$ ☐ $\frac{8x^2-2}{8x^2}$ ☐ $\frac{4x^3-x}{4x^3}$ ☐ $\frac{4x^2-4}{8x^2}$ ☐ $\frac{4x^2-4}{4x^2}$

D O **62** Kürze so, dass sich ein äquivalenter Bruchterm ergibt! Welche Bedingungen muss die Variable (müssen die Variablen) erfüllen?

a) $\frac{2a}{a^2} = \frac{2}{\_\_}$ ______ **c)** $\frac{3a^2bc}{abd} = \frac{3ac}{\_\_}$ ______ **e)** $\frac{3x+6}{4x+8} = \frac{3}{\_\_}$ ______

b) $\frac{6x}{9y} = \frac{\_\_}{3y}$ ______ **d)** $\frac{12xy}{6x} = \frac{2y}{\_\_}$ ______ **f)** $\frac{ax+ay}{av+aw} = \frac{\_\_}{v+w}$ ______

I **63** Welcher der Bruchterme kann durch Herausheben oder Kürzen entstehen? Kreuze an!

a) $\frac{4x^2y}{8x^2yz}$ ☐ $\frac{x^2y}{2x^2yz}$ ☐ $\frac{y}{2yz}$ ☐ $\frac{1}{2z}$ ☐ $\frac{y}{2z}$ ☐ $\frac{x^2y}{x^2yz}$

b) $\frac{2x+2}{3x+3}$ ☐ $\frac{2(x+1)}{3(x+1)}$ ☐ $\frac{2}{3}$ ☐ $\frac{x+2}{x+3}$ ☐ $\frac{x}{x+1}$ ☐ $\frac{2x+1}{3x+1}$

c) $\frac{4a^2+4a}{2a^2+2a}$ ☐ $\frac{4(a^2+a)}{2(a^2+a)}$ ☐ 2 ☐ 2a ☐ $\frac{4a}{2a^2}$ ☐ $\frac{2(a+1)}{a+1}$

d) $\frac{x^3-x}{x(x+1)^2}$ ☐ $\frac{x-1}{x+1}$ ☐ $\frac{x+1}{x-1}$ ☐ $\frac{1}{x+1}$ ☐ $\frac{x(x-1)}{x(x+1)}$ ☐ $\frac{x(x^2-1)}{x(x+1)^2}$

Bruchterme addieren und subtrahieren

D O **64** Berechne, vereinfache das Ergebnis so weit wie möglich und beachte, welche Bedingung(en) gelten muss (müssen)!

a) $\frac{4x}{x-1} + \frac{8x^2}{x-1} =$ ____________ ______

b) $\frac{4a+3}{a^2-1} - \frac{2a-3}{a^2-1} =$ ____________ ______

c) $\frac{4}{3x} + \frac{5}{2x} - \frac{7}{6x} =$ ____________ ______

d) $\frac{2}{x-2} + \frac{4}{(x-2)^2} =$ ____________ ______

A **65** Katharina schreibt folgende Termumformung an:

$$\frac{3}{a-1} - \frac{5}{a-2} = \frac{3(a-2)}{(a-1)(a-2)} - \frac{5(a-1)}{(a-1)(a-2)} = \frac{3a-6-5a-5}{(a-1)(a-2)} = \frac{-2a-11}{(a-1)(a-2)}$$

Begründe durch genaue Angabe des Fehlers, dass diese Termumformung falsch ist!

A **66** Alexander schreibt folgende Termumformung an:

$$\frac{n}{n^2-1} + \frac{3n}{n-1} = \frac{n(n+1)}{(n-1)^2} + \frac{3n(n-1)}{(n-1)^2} = \frac{n^2+n+3n^2-3n}{(n-1)^2} = \frac{4n^2-2n}{(n-1)^2}$$

Begründe durch genaue Angabe des Fehlers, dass diese Termumformung falsch ist!

Bruchterme multiplizieren und dividieren

D O **67** Berechne, kürze das Ergebnis so weit wie möglich und beachte, welche Bedingung(en) gelten muss (müssen)!

a) $2x \cdot \frac{y}{3x} =$ ______ ______

b) $-\frac{21x^2}{y} \cdot \frac{y^2}{3x} =$ ______ ______

c) $\frac{3x+6y}{a-4b} \cdot \frac{2a-8b}{x+2y} =$ ______ ______

d) $\frac{ab}{(a+b)^2} \cdot \frac{a^2-b^2}{a} =$ ______ ______

D **68** Stelle den Term als Produkt dar!

a) $\frac{7t}{6k-9} : \frac{8k}{6t+7k} =$ ______

b) $\frac{g^2h}{6g^2+h} : \frac{g-h}{h^2} =$ ______

c) $\frac{2}{c^2d+c} : \frac{cd^2-d}{d^3} =$ ______

d) $\frac{r^2+s^2}{r^2-s^2} : \frac{s^2-r^2}{r^2} =$ ______

A **69** Victor schreibt folgende Termumformung an:

$$\frac{b}{3b+6} : \frac{5b+10}{b^2} = \frac{b}{3(b+2)} : \frac{5(b+2)}{b^2} = \frac{1}{3} : \frac{5}{b} = \frac{1}{3} \cdot \frac{b}{5} = \frac{b}{15}$$

Begründe durch genaue Angabe des Fehlers, dass diese Termumformung falsch ist!

Alle vier Grundrechenarten bei Bruchtermen verbinden

D O **70** Vereinfache den Bruchterm so weit wie möglich!

$$\left(\frac{a+b}{ab} - \frac{a-b}{ab}\right) : \left(\frac{1}{ab} - a\right) =$$

I **71** Gegeben ist der Term $\frac{3}{x^2} \cdot \left(\frac{1}{x-1} - \frac{1}{x+1}\right)$. Was trifft für diesen Term zu? Kreuze an!

- ☐ Ein möglicher gemeinsamer Nenner für den Term in Klammern ist $x^2 - 1$.
- ☐ Die Grobstruktur des angegebenen Terms ist eine Differenz.
- ☐ Der Wert des gesamten Terms ist 0, da der Term in Klammern den Wert 0 hat.
- ☐ Die Bedingungen für die Variable x sind: $x \neq -1, x \neq 0, x \neq 1$.
- ☐ Der Term kann in der Form $\frac{3}{x^3-x^2} - \frac{3}{x^3+x^2}$ dargestellt werden.

D O **72** Stelle in möglichst einfacher Form dar! Beachte dabei alle notwendigen Regeln!

a) $\left(\frac{5}{p^2}+\frac{7}{p+q}-\frac{2}{p-q}\right):\frac{3p+7q}{p^4-p^2q^2}=$

b) $\frac{4}{3a-b}+\frac{9a^2+6ab+b^2}{9a+3b}\cdot\frac{6}{9a^2-b^2}=$

Gleichungen und Formeln umformen

O I **73** Gib die Umformungsschritte an, welche die Gleichung in die jeweils nächste überführen!

a)
$3=\frac{4}{x}$ | ____
$3x=4$ | ____
$x=\frac{4}{3}$

b)
$12=\frac{4}{a}$ | ____
$12\cdot a=4$ | ____
$a=0,\dot{3}$

c)
$4=\frac{3}{x-1}$ | ____
$4(x-1)=3$ | ____
$4x-4=3$ | ____
$4x=7$ | ____
$x=\frac{7}{4}$

d)
$1=\frac{4}{x}-\frac{2}{x}$ | ____
$x=4-2$ | ____
$x=2$

O I **74** Gib die Umformungsschritte an, welche die Gleichung in die jeweils nächste überführen!

a)
$11=\frac{5}{x}+\frac{6}{x}$ | ____
$11x=5+6$ | ____
$11x=11$ | ____
$x=1$

b)
$1=\frac{5}{2x}-\frac{3}{2x}$ | ____
$2x=5-3$ | ____
$2x=2$ | ____
$x=1$

c)
$\frac{3}{2}-\frac{2}{x}=\frac{1}{4}+\frac{1}{2x}$ | ____
$6x-8=x+2$ | ____
$5x=10$ | ____
$x=2$

D O **75** Schreibe die Gleichung an, die nach der Umformung entsteht!

a) $\frac{a}{b}+1=\frac{c}{d}\quad|\cdot b$ ____

b) $\frac{a}{b}+1=\frac{c}{d}\quad|\cdot d$ ____

c) $\frac{a}{b}+1=\frac{c}{d}\quad|\cdot bd$ ____

d) $\frac{a}{b}+1=\frac{c}{d}\quad|:a$ ____

I **76** Welche Umformungen sind korrekt? Kreuze an!

a) $\frac{2}{a}(b+4)=c$ ☐ $ac=2(b+4)$ ☐ $\frac{2}{c}(b+4)=a$ ☐ $\frac{2(b+4)}{ac}=0$ ☐ $\frac{2}{c}=\frac{a}{b+4}$

b) $\frac{2x}{y}-z=w$ ☐ $\frac{2x-z}{y}=w$ ☐ $\frac{2x}{y}=w+z$ ☐ $2x=y(w+z)$ ☐ $\frac{2x}{w+z}=y$

c) $a=10+\frac{5b}{c}$ ☐ $a-10=\frac{5b}{c}$ ☐ $ac+10c=5b$ ☐ $c=\frac{5b}{a-10}$ ☐ $\frac{c}{5}(a-10)=b$

d) $y=x\cdot\frac{a}{b}+x$ ☐ $\frac{y}{x}=\frac{a}{b}+1$ ☐ $by=x(a+b)$ ☐ $y=\frac{b}{x}(a+b)$ ☐ $\frac{y}{x}+1=\frac{a}{b}$

Bruchgleichungen lösen

0 **77** Löse die Bruchgleichung! Welche Bedingung muss gelten?

a) $\frac{24}{x} = 6$

c) $\frac{5}{2a} = 15$

b) $\frac{5}{x} = 25$

d) $\frac{7}{x+1} = 3$

0 **78** Löse die Bruchgleichung! Welche Bedingung(en) muss (müssen) gelten?

a) $\frac{2x+6}{x-3} = 4$

c) $\frac{x+1}{x-1} = \frac{x+2}{x-2}$

b) $\frac{5a-5}{a+2} = 8$

d) $\frac{a+4}{2} = \frac{a^2}{2a+1}$

0 **79** Löse die Bruchgleichung! Welche Bedingungen müssen gelten?

a) $\frac{a+2}{a-1} - \frac{a}{a-2} = \frac{4}{(a-1)(a-2)}$

b) $\frac{x}{x+1} - \frac{1}{x-1} = \frac{x^2}{x^2-1}$

Bruchgleichungen aufstellen und lösen

D O **80** Stelle zu dem folgenden Zahlenrätsel eine entsprechende Gleichung auf und löse sie! Beachte, welche Zahl(en) die Variable nicht annehmen darf!

a) 12 geteilt durch eine unbekannte Zahl x ergibt 3.

Gleichung: ______________ $x \neq$ ______

Lösung: ______

b) 12 geteilt durch eine unbekannte Zahl x ergibt dasselbe wie 16 geteilt durch die um 1 verminderte Zahl.

Gleichung: ______________ $x \neq$ ______

Lösung: ______

c) 4 geteilt durch die um 3 vergrößerte Zahl x ergibt dasselbe wie 6 geteilt durch die um 5 vergrößerte Zahl x.

Gleichung: ______________ $x \neq$ ______

Lösung: ______

d) Die Differenz des Doppelten einer Zahl x und 8 geteilt durch die Zahl x ergibt 6.

Gleichung: ______________ $x \neq$ ______

Lösung: ______

e) Der Quotient aus 4 und x, vergrößert um 4, ergibt den Quotienten aus 16 und x.

Gleichung: ______________ $x \neq$ ______

Lösung: ______

f) Zwei aufeinanderfolgende Zahlen, von deren Summe der Kehrwert gebildet wird, ergeben dasselbe wie der Kehrwert der Zahl.

Gleichung: ______________ $x \neq$ ______

Lösung: ______

3 Gleichungen und Gleichungssysteme in zwei Variablen

D O A **81** Der Umfang eines Parallelogramms mit den Seitenlängen x und y sei 60.

1) Stelle eine Gleichung in den beiden Variablen x und y auf, welche alle möglichen Seitenlängen des Parallelogramms beschreibt! ______________________

2) Schreibe vier mögliche Lösungen der Gleichungen aus 1) in Form von Zahlenpaaren (x | y) an!

(|), (|), (|), (|)

3) Führe Argumente dafür an, dass das Zahlenpaar (40 | −10) Lösung der Gleichung ist, aber dennoch keine sinnvolle Lösung im gegebenen Zusammenhang darstellt!

____

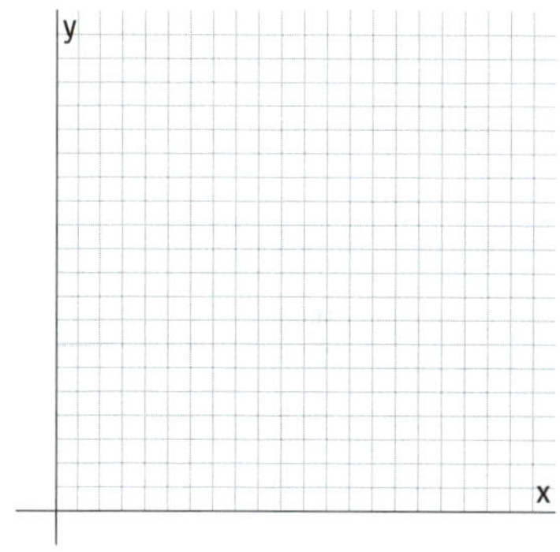

4) Gib für x und y sinnvolle Schranken an!

______ < x < ______   ______ < y < ______

5) Stelle alle zweckmäßigen Lösungen im nebenstehenden Koordinatensystem dar! Skaliere die Achsen!

6) Ergänze die fehlenden Koordinaten!

(2,5 |), (12 |), (| 10,4), (| 20,2)

D O A **82** Herr Moro und Frau Schloffer haben einen Altersunterschied von 15 Jahren. Dabei ist Herr Moro u Jahre und Frau Schloffer ist v Jahre alt.

1) Stelle eine Gleichung in den Variablen u und v auf, welche alle Möglichkeiten des Alters der beiden Personen beschreibt! ______________________

2) Gib für u und v sinnvolle Schranken an und begründe die Wahl!

______ < u < ______   ______ < v < ______

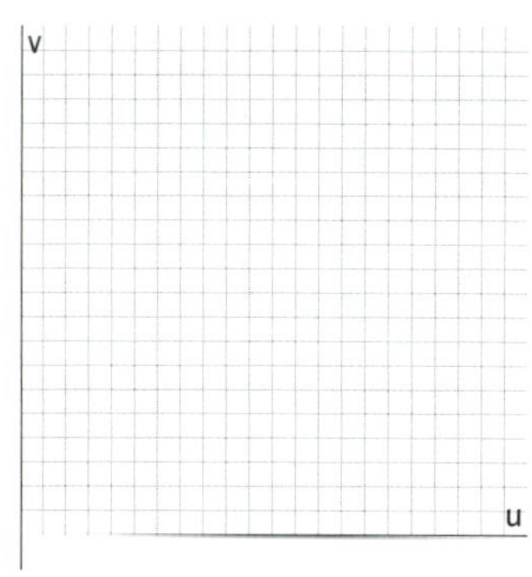

Begründung: ______________________

3) Schreibe vier mögliche Lösungen der Gleichungen aus 1) in Form von Zahlenpaaren (u | v) an!

(|), (|), (|), (|)

4) Stelle alle sinnvollen Lösungen im nebenstehenden Koordinatensystem dar! Skaliere die Achsen!

D A **83** Frau Veit und ihre Urenkelin haben einen Altersunterschied von 83 Jahren. Dabei ist Frau Veit a Jahre und die Urenkelin ist b Jahre alt.

1) Stelle eine Gleichung in den Variablen a und b auf, welche alle Möglichkeiten des Alters der beiden Personen beschreibt! ______________________

2) Gib für a und b sinnvolle Schranken an und begründe die Wahl!

______ < a < ______   ______ < b < ______

Begründung: ______________________

D O I A

84 Lisa baut für ihren kleinen Bruder Olaf im Garten ein kleines Schwimmbecken auf. Die beiden Kinder wollen es mit Wasser befüllen. Dazu holen sie mit Kübeln Wasser aus der Küche. Lisas Kübel fasst zehn Liter und Olaf hilft mit einem kleinen Kübel mit, in den zwei Liter Wasser passen. Das Schwimmbecken ist 60 cm lang, 120 cm breit und soll 30 cm hoch mit Wasser befüllt werden.

1) Berechne, wie viel Liter Wasser in das Becken gefüllt werden müssen!

Das Becken fasst ______________ l Wasser.

2) Lisa füllt ihren Kübel x-mal und Olaf seinen y-mal. Stelle eine Gleichung in den beiden Variablen x und y auf, welche alle Möglichkeiten dafür beschreibt, wie oft die Kinder die Kübel füllen müssen!

____

3) Schreibe drei der möglichen Lösungen in Form von Zahlenpaaren (x | y) an! Runde sinnvoll!

(|), (|), (|)

4) Führe Argumente dafür an, dass Zahlenpaare, deren Koordinaten (gerundete) natürliche Zahlen sind, in diesem Zusammenhang einen Sinn haben!

____

____

5) Gib für x und y sinnvolle Schranken an!

________ < x < ________   ________ < y < ________

6) Stelle mindestens drei zweckmäßige Lösungen im nebenstehenden Koordinatensystem dar! Skaliere die Achsen!

7) Ergänze bei (0 |) die fehlende Koordinate und interpretiere die Lösung!

Interpretation: ______________________________

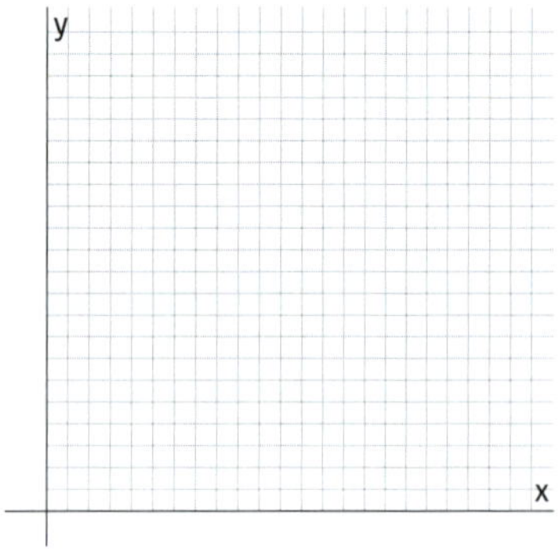

D I A

85 Die Summe aller Kantenlängen des dargestellten Quaders mit den Kantenlängen a, 2 a und b sei 64.

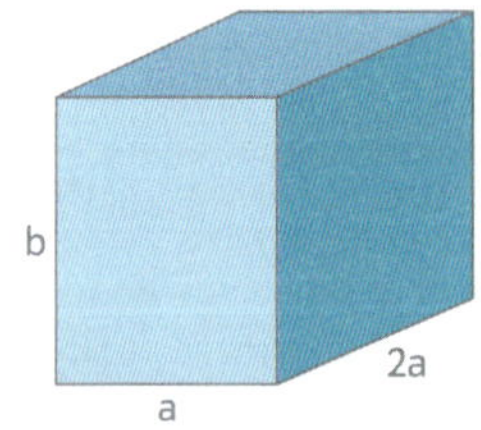

1) Stelle eine Gleichung in den beiden Variablen a und b auf, welche alle möglichen Werte beschreibt! ______________________

2) Stelle alle zweckmäßigen Lösungen im nachstehenden Koordinatensystem dar!

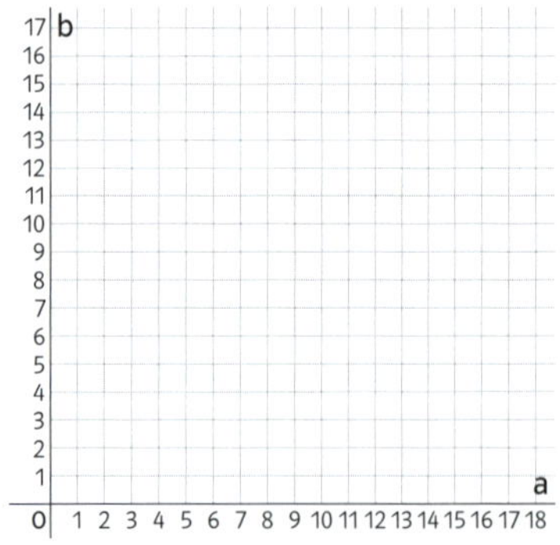

3) Ergänze die beiden Lösungen der Gleichung korrekt!

(2,5 |), (5 |)

Deute die beiden Zahlenpaare in Bezug auf die Kantenlängen des Quaders!

4) Führe Argumente dafür an, dass das Zahlenpaar (0 | 16) Lösung der Gleichung ist, aber dennoch keine sinnvolle Lösung im gegebenen Zusammenhang darstellt!

____

D I **86** Elvira zahlt für zwei Paar Würstel und drei Softdrinks 13,80 €. Ein Paar Würstel kostet x € und jeder Softdrink y €.

1) Stelle eine Gleichung in den beiden Variablen x und y auf, welche alle möglichen Preise beschreibt! ______________

2) Wähle ein Zahlenpaar, das du in diesem Sinnzusammenhang für eine vernünftige Lösung erachtest!

(|)

D I **87** Gegeben ist eine lineare Gleichung.

1) Schreibe vier der möglichen Lösungen in Form von Zahlenpaaren an!

2) Ermittle alle Lösungen der Gleichung und stelle sie in einem Koordinatensystem dar!

a) $x + 2y = 8$

(|), (|),
(|), (|)

b) $3x - y = 4$

(|), (|),
(|), (|)

c) $x - 4y = 4$

(|), (|),
(|), (|)

D I **88** In der Grafik sind alle Lösungen einer linearen Gleichung in zwei Variablen dargestellt.

1) Vervollständige die dazu passende Gleichung!
2) Die angegebenen Zahlenpaare (x | y) seien Lösungen. Ergänze Fehlendes!

a)

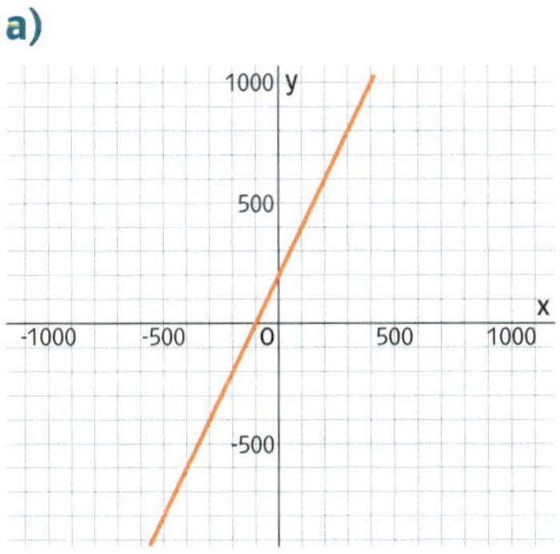

Gleichung:

______ + y = 200

(0 |)

(−500 |)

(| 0)

b)

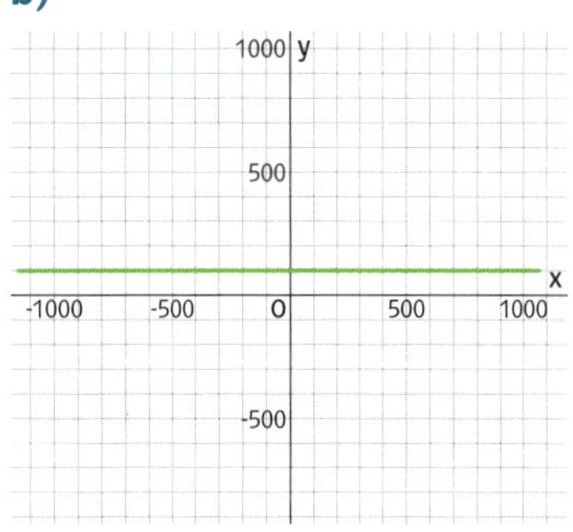

Gleichung:

y = ______

(0 |)

(−500 |)

(| 0)

c)

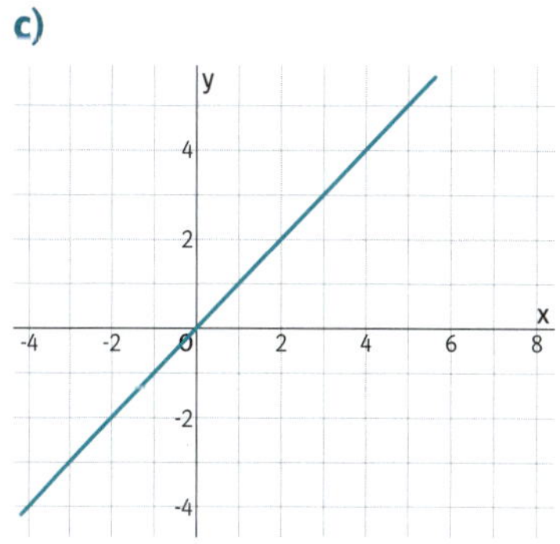

Gleichung:

x − ______ = 0

(0 |)

(−500 |)

(| 10)

I

89 Kreuze jene linearen Gleichungen an, für die das Zahlenpaar (–1|1) eine Lösung darstellt!

☐ $x - y = 0$ ☐ $0{,}5x - 0{,}5y = 2$ ☐ $0{,}5x + 0{,}5y = 0$ ☐ $-3x + 2y = -5$ ☐ $2x + 3y = -5$

D O I

90 Die in der Tabelle angegebenen Zahlenpaare (x | y) sind Lösungen einer linearen Gleichung in zwei Variablen. Zeichne die Zahlenpaare als Punkte in ein Koordinatensystem ein, beschrifte und skaliere beide Achsen und gib eine passende Gleichung an!

a)

x	y
–4	12
1	2
3	–2
5	–6

Gleichung: ______________

b)

x	y
–2	–200
0	0
1	100
2	200

Gleichung: ______________

I

91 Kreuze jene beiden Sachverhalte an, die durch die Gleichung $10x - 4y = 0$ beschrieben werden könnten!

☐ Clarissa hat 2,5-mal so viele rote wie gelbe Gummibärchen.

☐ Zehn Flaschen eines Softdrinks kosten gleich viel wie vier Dosen eines Energydrinks.

☐ Anke ist um 40 % größer als ihr Bruder.

☐ Wenn ich mir zehn Lutscher und vier Eisbecher kaufe, habe ich kein Geld mehr.

☐ Anke ist um 40 % kleiner als ihr Bruder.

D A

92 Gib drei lineare Gleichungen an, welche das Zahlenpaar (2 | –3) als Lösung haben und zeichne alle drei in ein Koordinatensystem ein! Begründe, dass es unendlich viele lineare Gleichungen gibt, welche diese Lösung haben!

Gleichung 1: ______________

Gleichung 2: ______________

Gleichung 3: ______________

Begründung:

____

D O **93** Ermittle alle Zahlenpaare $(x \mid y)$ mit $x, y \in \mathbb{Z}^-$, die folgende Bedingung erfüllen: Addiert man zu 100 das Neunfache von x und das Fünffache von y, erhält man null.

Gleichung: ______________ *Zahlenpaare:* ______________

D O I **94** Subtrahiert man vom Doppelten einer Zahl z_1 eine andere Zahl z_2, so erhält man 64. Subtrahiert man vom Doppelten der Zahl z_1 das Dreifache der Zahl z_2, so erhält man null.

1) Stelle eine Gleichung in z_1 und z_2 zur ersten gemeinsamen Bedingung auf und ermittle zwei Zahlenpaare als Lösungen!

______________ (|), (|)

2) Stelle eine Gleichung in z_1 und z_2 zur zweiten gemeinsamen Bedingung auf und ermittle zwei Zahlenpaare als Lösungen!

______________ (|), (|)

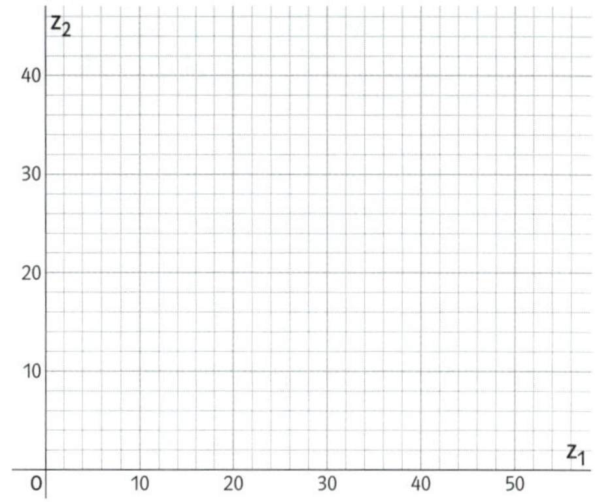

3) Veranschauliche die Lösungsmengen beider Gleichungen im nebenstehenden Koordinatensystem und interpretiere das Ergebnis!

____

D O I **95** In zehn Jahren werden Vater und Sohn zusammen 64 Jahre alt sein. Wird das heutige Alter des Vaters durch 8 dividiert und mit 3 multipliziert, erhält man das heutige Alter des Sohnes.

1) Stelle zwei Gleichungen auf, die diese Sachverhalte beschreiben! Wähle selbst geeignete Variablennamen!

Gleichung 1: ______________

Gleichung 2: ______________

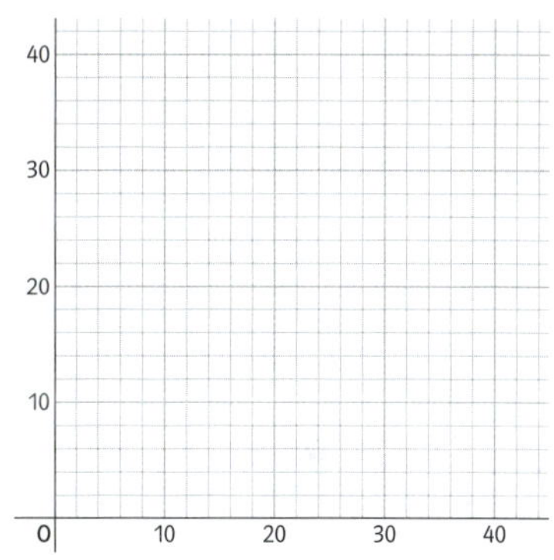

2) Veranschauliche die Lösungsmengen beider Gleichungen im nebenstehenden Koordinatensystem und interpretiere das Ergebnis!

____

D O I **96** Marion und Asra haben bei einem Computerspiel zusammen 78 virtuelle Figuren gesammelt. Eine Stunde zuvor hatten beide um je vier Figuren weniger, da hatte Marion sechsmal so viele wie Asra. Es sei s_1 die Anzahl von Marions Figuren und s_2 die Anzahl von Asras Figuren.

1) Stelle eine Gleichung in s_1 und s_2, auf, die beschreibt, wie viele Figuren Marion und Asra jetzt haben und ermittle zwei Zahlenpaare als Lösungen!

______________ (|), (|)

2) Stelle eine Gleichung in s_1 und s_2 auf, die beschreibt, wie viele Figuren Marion und Asra eine Stunde zuvor hatten, und ermittle zwei Zahlenpaare als Lösungen!

______________ (|), (|)

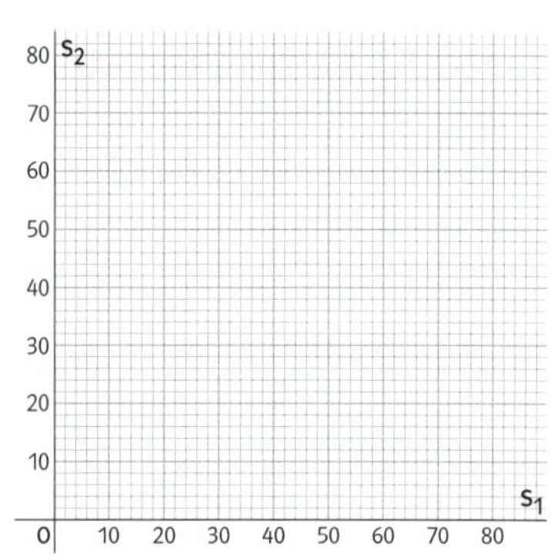

3) Veranschauliche die Lösungsmengen beider Gleichungen im nebenstehenden Koordinatensystem und interpretiere das Ergebnis!

O I

97 Welche der Zahlenpaare sind Lösungen des linearen Gleichungssystems? Ringle den Buchstaben bei der richtigen Antwort ein! Die Buchstaben ergeben von unten nach oben gelesen das Lösungswort.

Gleichungssystem	Lösung	Ja.	Nein.
$\begin{cases} 2x-3y=11 \\ x+2y=2 \end{cases}$	(7∣1)	O	A
$\begin{cases} x=2 \\ x+y=3 \end{cases}$	(2∣1)	R	L
$\begin{cases} -x+5y=13 \\ y=7-2x \end{cases}$	(2∣3)	B	E
$\begin{cases} 3x=6y-12 \\ x-2y=4 \end{cases}$	(2∣–1)	H	E
$\begin{cases} 3x-6y=12 \\ x=2y+4 \end{cases}$	(6∣1)	G	T
$\begin{cases} -3x+6y=9 \\ -x+2y=6 \end{cases}$	(7∣4)	A	L
$\begin{cases} 2x-3y=2 \\ 3x-5y=1 \end{cases}$	(–4∣–2)	M	A

Lösungswort: ____________

O I A

98 Gregor hat das folgende lineare Gleichungssystem grafisch gelöst und gibt als Lösung das Zahlenpaar (1,4∣2) an.

$$\begin{cases} 30x-39y=-38 \\ 51x+15y=98 \end{cases}$$

Sein Klassenkollege Florian erklärt ihm, dass dieses Ergebnis falsch sei. Wer hat Recht? Begründe!

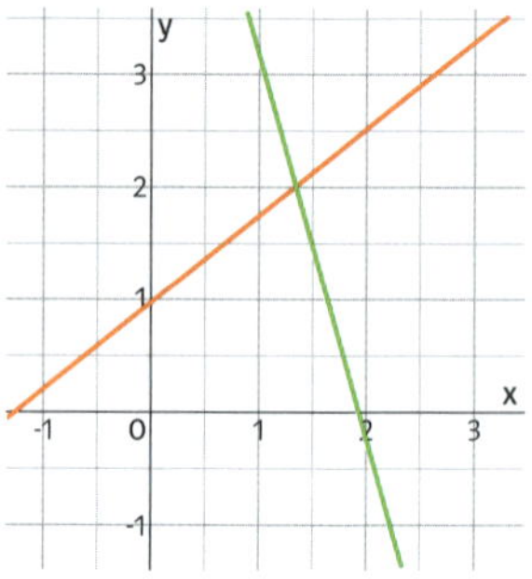

I

99 Welche Lösungsmenge gehört zu welcher Gleichung? Ordne die Bezeichnungen L_1, L_2, L_3 und L_4 korrekt zu!

$3x-6y=18$	
$4x+6y=24$	
$3x+5y=-15$	
$4x-5y=-20$	

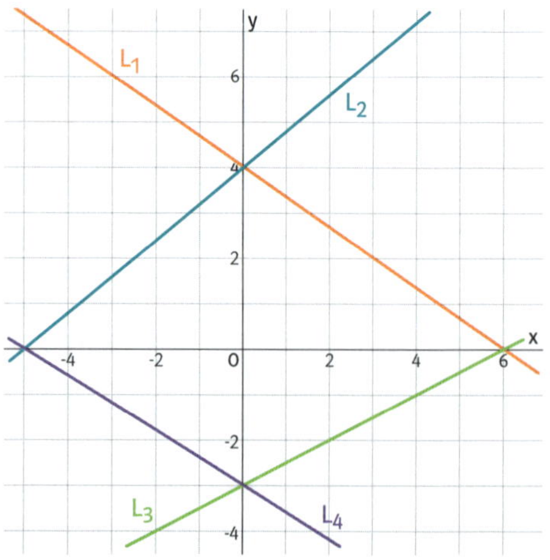

D O I **100** Gegeben sind jeweils zwei Zahlenpaare.

(–1,5 | –2), (5,5 | 5)	
(–2 | 2), (0 | –1)	
(–3 | 1), (3 | –3)	

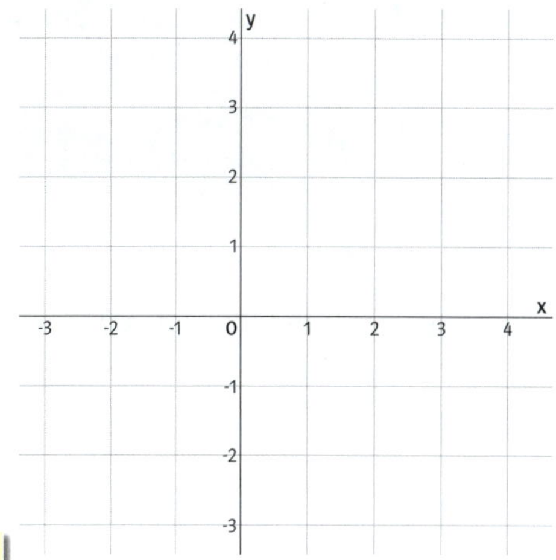

1) Diese Zahlenpaare sind Lösungen linearer Gleichungen.
Ordne den Zahlenpaaren von den folgenden sechs Gleichungen die jeweils entsprechende zu!

$2x + 3y = -3$ | $3x + 2y = -2$ | $2x - 2y = 1$

$2x + 2y = 1$ | $3x - 2y = 2$ | $2x - 3y = 3$

2) Zeichne die Lösungsmengen der drei zutreffenden Gleichungen in das obenstehende Koordinatensystem ein!

3) Ermittle die Lösung des Gleichungssystems der beiden Gleichungen in den färbig unterlegten Tabellenfeldern grafisch und rechnerisch!

Lösung: (|)

D I **101** Die Zahlenpaare (–2 | 7) und (4 | –5) sind Lösungen der ersten Gleichung eines linearen Gleichungssystems. Zeichne die Lösungsmenge der ersten Gleichung in das Koordinatensystem ein!
Ermittle, wenn möglich, die Lösung des Systems, wenn die zweite Gleichung folgendermaßen lautet:

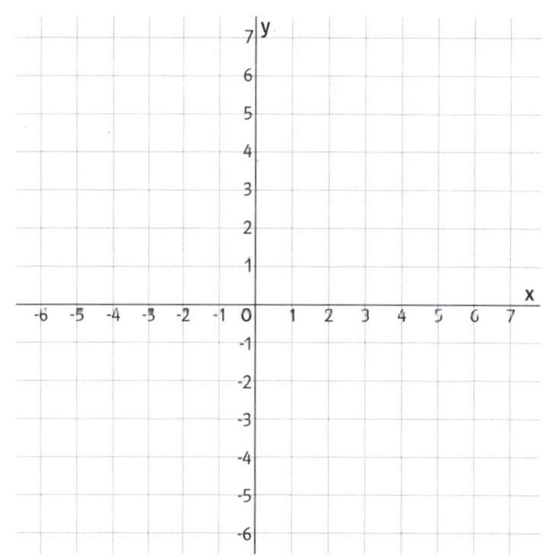

a) $3x + y = 6$ __________

b) $2x + y = 4$ __________

c) $x + y = 4$ __________

D I **102** Formuliere ein Zahlenrätsel, das zu folgendem linearen Gleichungssystem passt, und löse es!

$$\begin{cases} x + y = 8 \\ 10x + y = 10y + x + 18 \end{cases}$$

0

103 Löse das lineare Gleichungssystem mit einer der drei rechnerischen Lösungsmethoden und trage das Ergebnis in die untenstehende Tabelle ein!

a) $\begin{cases} -x+3y=-13 \\ 2x+y=\frac{3}{2} \end{cases}$ **c)** $\begin{cases} 10x-4y=6 \\ -7x-1{,}5y=-\frac{9}{4} \end{cases}$ **e)** $\begin{cases} -x+3y=0 \\ 2x-6y=1 \end{cases}$ **g)** $\begin{cases} 24x+17y=36 \\ -10x+5y=-15 \end{cases}$

b) $\begin{cases} y=1 \\ x-y=4 \end{cases}$ **d)** $\begin{cases} x=2y-1 \\ y=1 \end{cases}$ **f)** $\begin{cases} 3y=9 \\ x+3y=8 \end{cases}$ **h)** $\begin{cases} y=3x-4 \\ 3x=12 \end{cases}$

Nebenrechnungen:

a)	b)	c)	d)	e)	f)	g)	h)

0 I

104 Vervollständige die beiden Gleichungen, die hinter dem grafisch gelösten Gleichungssystem stehen, und überprüfe die grafische Lösung rechnerisch!

a)

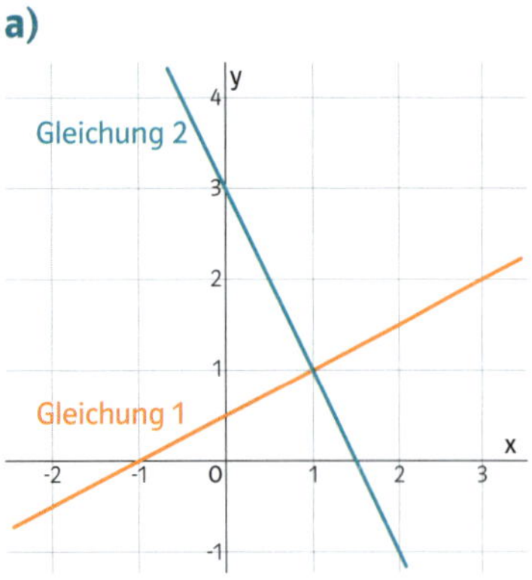

b)

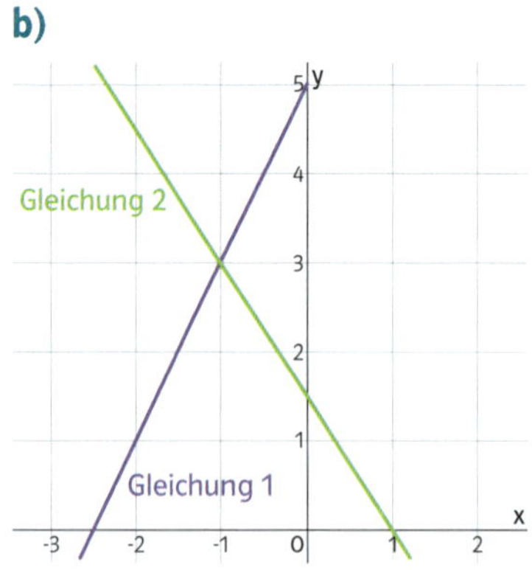

c)

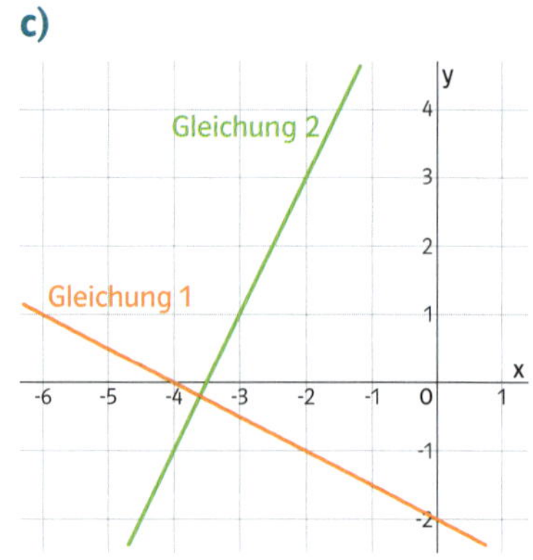

Nebenrechnungen:

$\begin{cases} -x+\_\_\_=1\ \_\_\_ \\ \_\_\_\_\_\_+y=3 \end{cases}$ $\begin{cases} \_\_\_+y=5 \\ 3x+\_\_\_=3 \end{cases}$ $\begin{cases} x+\_\_\_=-4 \\ -2x+y=\_\_\_ \end{cases}$

Lösung: *Lösung:* *Lösung:*

D I **105** Finde drei Gleichungssysteme, von denen eine Information zur Lösung bekannt ist!

a) Lösung: (2 | 2)

{ ______ { ______ { ______
{ ______ { ______ { ______

b) keine Lösung

{ ______ { ______ { ______
{ ______ { ______ { ______

c) unendlich viele Lösungen

{ ______ { ______ { ______
{ ______ { ______ { ______

Anwendungen bunt gemischt

D O **106** Lea sagt zu ihrem Cousin Tom, der drei Jahre jünger ist: „In vier Jahren bin ich genau doppelt so alt wie du jetzt." Erstelle ein passendes Gleichungssystem und ermittle durch Lösung des Gleichungssystems Leas und Toms Alter!

Lea ist ______ Jahre alt und Tom ist ______ Jahre alt.

D O **107** Von einer zweistelligen Zahl weiß man, dass die Zehnerziffer das 2,5-Fache der Einerziffer beträgt. Vertauscht man die beiden Ziffern, dann ist die ursprüngliche Zahl um 2 größer als das Doppelte der neuen Zahl. Erstelle ein zu dieser Situation passendes Gleichungssystem und verwende die Lösung zum Ermitteln der beiden Zahlen!

erste zweistellige Zahl: ______ Zahl mit vertauschten Ziffern: ______

D O **108** Peter kauft zehn Becher Joghurt. Er hat acht Pfandflaschen dabei, deren Pfandwert ihm an der Kassa abgezogen werden, und er bezahlt dann noch 1,90 €. Für sieben Pfandflaschen könnte er vier Becher Joghurt gratis mitnehmen. Ermittle mit Hilfe eines Gleichungssystems, wie viel ein Becher Joghurt kostet und wie viel Pfand Peter für eine Flasche erhält!

Ein Becher Joghurt kostet ______ € und das Flaschenpfand beträgt ______ €.

D O **109** „Nimmst du einem mit gleich schweren Sandsäcken beladenen Pferd einen Sack weg, so ist das Pferd so schwer wie fünf Säcke. Gibst du zum beladenen Pferd einen Sack dazu, so ist das Pferd so schwer wie mein Pferd, das 560 kg wiegt." Ermittle mit Hilfe eines Gleichungssystems, wie schwer das beladene Pferd ist und wie viel ein Sandsack wiegt!

Das beladene Pferd ist ______ kg schwer und ein Sack ist ______ kg schwer.

D O **110** Bildet man die Summe aus einer Zahl, der Hälfte der Zahl, dem Drittel der Zahl und dem Viertel der Zahl, so ist das Ergebnis eine zweite Zahl. Die Differenz aus der ersten Zahl und dieser zweiten Zahl beträgt 169. Ermittle mit Hilfe eines Gleichungssystems die beiden Zahlen!

erste Zahl: ______ zweite Zahl: ______

D O **111** Karl-Heinz sagt zu Kelim: „Wenn du zwei Jahre lang jedes Jahr um 30 % deiner aktuellen Körpergröße wächst, bist du so groß, wie ich jetzt bin. Wenn du drei Jahre lang jeweils um 30 cm wächst, bist du in drei Jahren um 21 cm größer, als ich jetzt bin." Ermittle mit Hilfe eines Gleichungssystems die Größen der beiden!

Karl-Heinz ist ______ cm groß und Kelim ist ______ cm groß.

D O **112** Fiola fährt um 8 Uhr mit dem Moped von der Schule weg. Ihre durchschnittliche Geschwindigkeit beträgt 36 km/h. Um 8.30 Uhr folgt ihr Vater ihr mit seinem Auto. Er fährt mit einer durchschnittlichen Geschwindigkeit von 56 km/h. Wann und in welcher Entfernung von der Schule kann der Vater damit rechnen, Fiola einzuholen?

Sie treffen sich um ______ Uhr ______ km von der Schule entfernt.

D O **113** Anina hat zwei Kredite in einer Gesamthöhe von 40 000 € aufgenommen. Für den ersten bezahlt sie 2,5 % Zinsen pro Jahr, für den zweiten 4 %. An Zinsen bezahlt sie pro Jahr 1 375 €. Ermittle die Höhe der beiden Kredite! (Rechne hier vereinfacht mit den beiden angegebenen Jahreszinssätzen!)

Kredit 1: ______ Kredit 2: ______

4 Funktionen

I **114** Vervollständige den Satz durch Einsetzen der Ausgangsgröße und der zugeordneten Größe!

a) Eine Flasche wird mit Öl befüllt, wobei sich die Höhe des Ölstandes mit der Zeit verändert.

______________________ wird genau ______________________ zugeordnet.

b) Je kleiner die Seitenlänge eines Quadrats, desto kleiner ist dessen Flächeninhalt.

______________________ wird genau ______________________ zugeordnet.

c) Ein Baum wächst, wobei sich der Umfang des Stammes mit der Zeit vergrößert.

______________________ wird genau ______________________ zugeordnet.

d) Ein Barometer an einem Ort gibt den Luftdruck zu jedem Zeitpunkt an.

______________________ wird genau ______________________ zugeordnet.

e) Je größer die Anzahl der Säcke, die man auf einen LKW lädt, desto größer ist die Lademasse.

______________________ wird genau ______________________ zugeordnet.

I A **115** Gegeben sind vier Wertetabellen, in denen einer Größe 1 eine Größe 2 zugeordnet wird. Kreuze jene Wertetabelle(n) an, in der (denen) **keine** Funktion dargestellt wird. Begründe die Entscheidung!

☐

Größe 1	1	5	7
Größe 2	1	2	−3,5

☐

Größe 1	−5	1	2
Größe 2	2	2	2

☐

Größe 1	1	3	1
Größe 2	0	1	2

☐

Größe 1	2	2	2
Größe 2	−5	1	2

Begründung: ____

I A **116** Kreuze jene Zuordnungen an, die **keine** Funktion darstellen! Begründe jede Entscheidung!

- ☐ Jeder Zahl x wird die um zwei verminderte Zahl y zugeordnet.
- ☐ Bei einem See wird an einer Stelle jeder Tiefe h die Temperatur T zugeordnet.
- ☐ Jeder Katalognummer n im Klassenbuch wird die Köpergröße g der entsprechenden Person zugeordnet.
- ☐ Jeder Hausnummer h in Österreich wird die Anzahl a der Personen in dem Haushalt zugeordnet.
- ☐ Jedem Alter a einer bestimmten Person wird deren Körpergröße g zugeordnet.
- ☐ Jeder Seitenlänge x eines Rhombus wird ihr Umfang u zugeordnet.
- ☐ Jeder Telefonnummer n wird ein Volumen V zugeordnet.

Begründungen: ____

____

____

D O I **117** Am 22. Juli gibt es im Supermarkt einige Angebote. Ergänze die Tabellen!

Wurst 1 kg 19,90 €	
Masse in dag	**Preis in €**
0	
10	
15	
30	

Würfelzucker 1 Packung 0,99 € ab 2 Packungen je 0,69 €	
Anzahl der Packungen	**Preis in €**
1	
2	
3	
5	

Mineralwasser 1 Flasche 0,55 € ab 6 Flaschen je 0,35 €	
Anzahl der Flaschen	**Preis in €**
1	
2	
6	
10	

Wäscheklammern 1 Packung 1,99 €	
Anzahl der Packungen	**Preis in €**
1	
2	
3	
4	

Wäscheklammern 1 Packung 1,99 € 1 Packung = 10 Klammern	
Anzahl der Klammern	**Preis in €**
5	
10	
17	
20	

Eis 1 Packung 3,99 € ab 2 Packungen −25 %	
Anzahl der Packungen	**Preis in €**
1	
2	
3	
5	

Tomaten 1 kg 3,49 €	
Masse in g	**Preis in €**
100	
250	
300	
420	

Cornflakes 1 Packung 1,49 €	
Anzahl der Packungen	**Preis in €**
1	
2	
3	
4	

I A **118** Welche der fünf Abbildungen stellen den Graphen einer Funktion dar? Kreuze an und begründe die Entscheidungen!

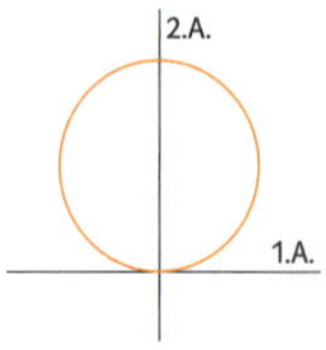

☐

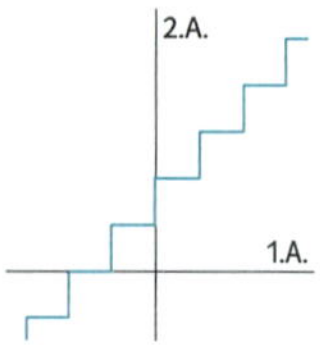

☐

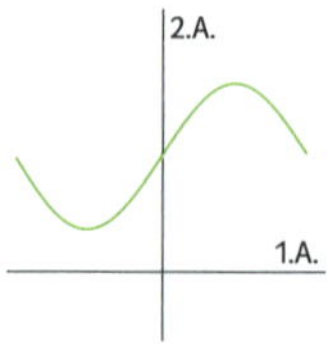

☐

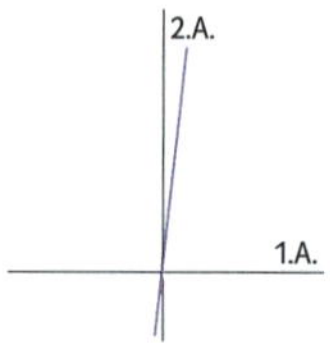

☐

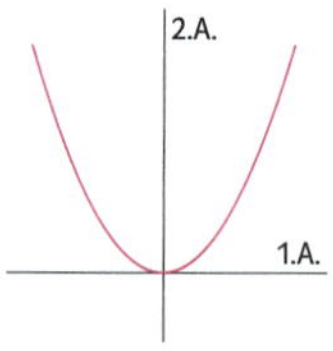

☐

Begründung: ______________________________

____

D I A **119** An einer Grazer Schule gab es in diesem Schuljahr ein Projekt „Kresse".
Dabei wurde unter anderem folgender Arbeitsauftrag gestellt:

Aufgabenstellung:
Miss in einem regelmäßigen Abstand das Wachstum der Pflanze, notiere deine Messungen sorgfältig und lege für diese Daten eine Tabelle an! Beginne mit dem Zeitpunkt des Einsetzens!

Ellen hat auf Basis ihrer Messungen folgende Tabelle erstellt:

Größe 1	0	1	2	3	4	5	6	7	8
Größe 2	0	2	4	9	16	25	32	35	35

1) Überlege, wofür die beiden Größen im gegebenen Zusammenhang stehen könnten und notiere deine Überlegungen! ______

2) Stelle die Zahlenpaare der Zuordnung in einer Grafik dar! Beschrifte und skaliere die Achsen passend zu deinen Überlegungen aus Teilaufgabe 1)! Verbinde die Punkte durch eine Linie!

3) Gib an, zwischen welchen aufeinanderfolgenden Messzeitpunkten die Kresse am stärksten und um wie viel gewachsen ist!

______

______

4) Gib an, zwischen welchen aufeinanderfolgenden Messzeitpunkten die Kresse am wenigsten und um wie viel gewachsen ist!

______

______

5) Gib an, wie es nach den Aufzeichnungen mit dem Wachstum der Pflanze weitergegangen sein könnte! Begründe die Ausführungen!

______

______

D O A **120** Das Personal in einem Büro trinkt gern Kaffee. Derzeit sind 2,6 kg Kaffeebohnen auf Vorrat vorhanden. Wöchentlich werden 450 g für die Espressomaschine verwendet.

1) Vervollständige die Tabelle!

Zeitpunkt t in Wochen	0	1	2	3	4	5	6	7
Kaffeemenge m in kg								

2) Erkläre die Bedeutung der Werte für die Kaffeemenge, die den Wochen 6 und 7 zugeordnet sind!

______

______

3) Trage die Wertepaare in das nebenstehende Koordinatensystem ein! Beschrifte und skaliere die Achsen!

D I A **121** Silvan hat Fieber. Da ihn interessiert, wie es im Lauf des Tages steigt bzw. sinkt, notiert er die Ergebnisse seiner Messungen. Als er wieder gesund ist, erstellt er folgende Fieberkurve:

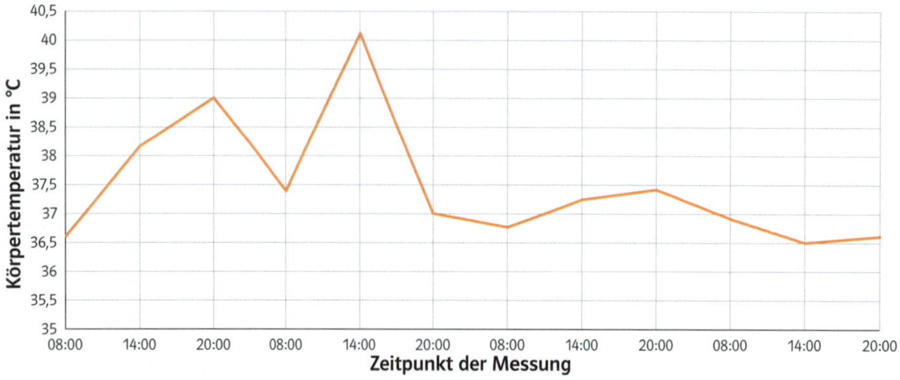

1) Gib Gründe dafür an, dass es sich mit der Ausgangsgröße „Zeitpunkt" und der zugeordneten Größe „Körpertemperatur" um eine Funktion handelt!

____

2) Ergänze die Tabelle, wobei t (in Stunden) die vergangene Zeit ab der ersten Messung ist!

Zeitpunkt t in h	6	12	24	30	36	48	54	60
Körpertemperatur in °C								

3) Gib an, über welchen Zeitraum Silvan Messungen durchgeführt hat! ______________

4) Wann wurde die höchste Temperatur gemessen und wie hoch war diese?

____

5) Welche Körpertemperatur hat Silvan am dritten Tag in der Früh gemessen? ______________

6) „Am Abend ist das Fieber höher als in der Früh." Kannst du diese Behauptung mit Hilfe der vorliegenden Fieberkurve bestätigen oder widerlegen? Begründe die Antwort!

____

7) Ist Silvans Vorgang der Messungen und der Darstellung eine realistische Abbildung des Fiebers? Erkläre, warum du den Vorgang verändern oder beibehalten würdest!

____

8) Stellt diese Fieberkurve den tatsächlichen Verlauf von Silvans Fieber dar? Begründe!

____

O **122** Vervollständige die Tabelle, die jeder Seitenlänge a eines Würfels **a)** dessen Oberflächeninhalt O(a), **b)** dessen Summe k(a) der Kantenlängen zuordnet!

a)

Seitenlänge a in cm	0,25	0,4	4	8	20,5	100	110
Oberflächeninhalt O(a) in ____							

b)

Seitenlänge a in cm	0,25	0,4	4	8	20,5	100	110
Summe k(a) der Kantenlängen in ____							

I

123 Die Grafik zeigt den Verlauf eines Skicross-Rennens von Paul, Erich, Walter und Max. In Abhängigkeit der Fahrtzeit wird die gefahrene Strecke dargestellt.

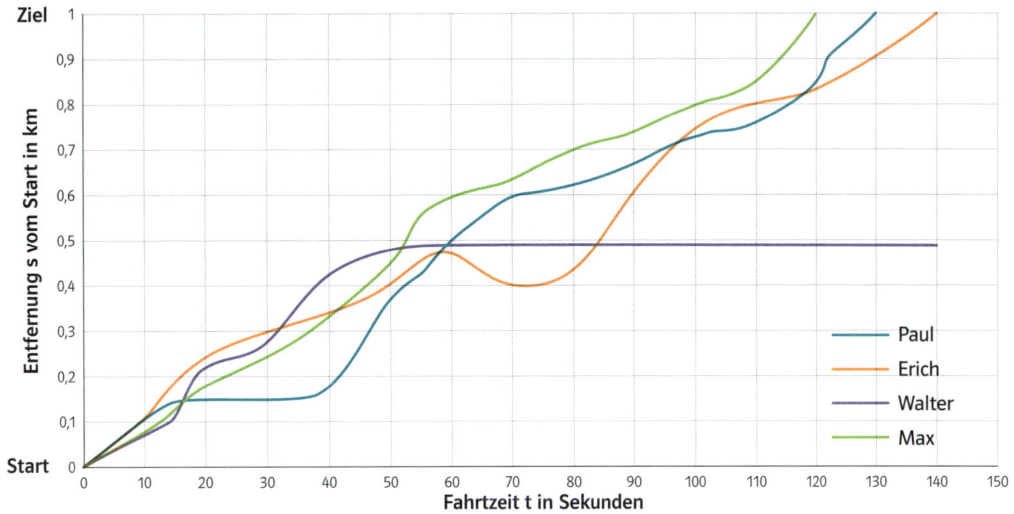

Welche der folgenden Behauptungen können aufgrund der Informationen aus der Grafik stimmen, welche nicht? Kreuze an!

	kann stimmen	kann nicht stimmen
Paul wird von Erich zweimal überholt.	☐	☐
Paul überholt Erich zweimal.	☐	☐
Erich fährt zwischen der 60. und der 80. Sekunde in eine Mulde.	☐	☐
Über die Überholvorgänge kann man mit dieser Grafik nichts aussagen.	☐	☐
Max gewinnt, da er auf der ganzen Strecke von niemandem überholt wird.	☐	☐
Erich kommt als Letzter ins Ziel.	☐	☐
Alle vier kommen ins Ziel.	☐	☐

D O

124 **a)** Vervollständige die Tabelle, die jeder Seitenlänge a eines Würfels dessen Volumen V(a) zuordnet! Runde auf Zehntel! Stelle die Zahlenpaare der Zuordnung in der Grafik dar und verbinde die Punkte!

Seitenlänge a in cm	0,5	1	1,5	1,75	2	2,5	3
Volumen V(a) in ____							

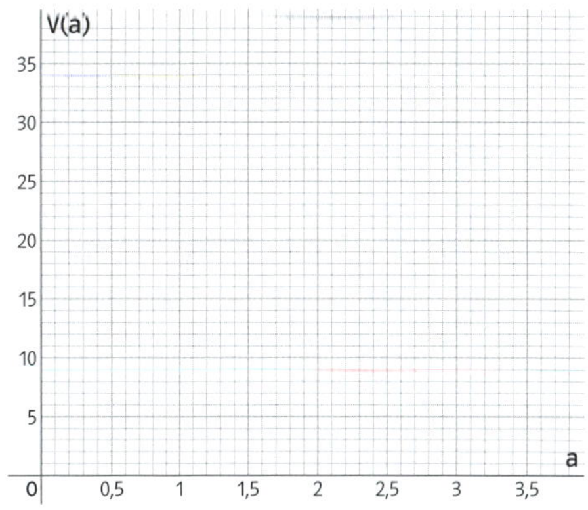

b) Vervollständige die Tabelle, die jeder Seitenlänge a eines Würfels dessen Diagonalenlänge d(a) zuordnet! Runde auf Zehntel!

Anmerkung: $d = \sqrt{a^2 + a^2 + a^2} = \sqrt{3a^2} = a\sqrt{3}$

Seitenlänge a in cm	0,5	1	2	10	15	20	100
Diagonalenlänge d(a) in ____							

D I **125** Schau dir die folgende Tabelle genau an! Erkennst du das Muster, mit welchem jeder Zahl x eine bestimmte Zahl f(x) zugeordnet wird? Gib eine Termdarstellung an!

x	2	5	4	7	1	10	6	9	8
f(x)	7	28	19	52	4	103	39	84	67

Termdarstellung: f(x) = ______________________________

D I **126** Gib eine Termdarstellung der Funktion an! Überlege, ob du alle reellen Zahlen als Argumente einsetzen kannst!

a) Eine Funktion f ordnet jedem Argument x das Fünftel des Arguments zu.
b) Eine Funktion i ordnet jedem Argument x den Kehrwert von x^2 zu.
c) Eine Funktion R ordnet jedem Argument t das Zehnfache von t zu.
d) Eine Funktion h ordnet jedem Argument x die Summe von −4 und dem Argument zu.
e) Eine Funktion p ordnet jedem Argument t das Fünffache der Wurzel aus dem Argument zu.

	Termdarstellung	Argument aus ganz ℝ
a)		☐ Ja. ☐ Nein.
b)		☐ Ja. ☐ Nein.
c)		☐ Ja. ☐ Nein.
d)		☐ Ja. ☐ Nein.
e)		☐ Ja. ☐ Nein.

I **127** Welche Termdarstellung passt zu welchem Graphen? Trage den jeweils passenden Buchstaben in die Kästchen ein!

A $f(x) = -x^2 + 4$ **B** $f(x) = -0{,}5x + 4$ **C** $f(x) = 0{,}5x - 4$ **D** $f(x) = x^2 - 4$

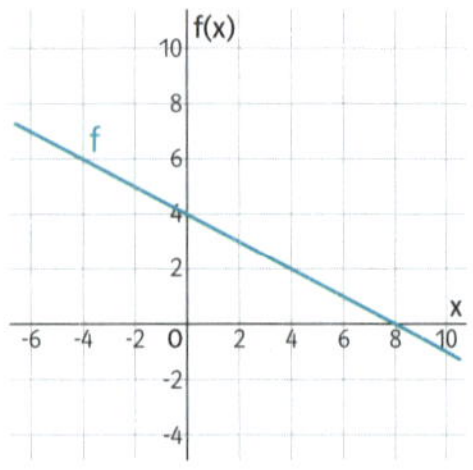

☐

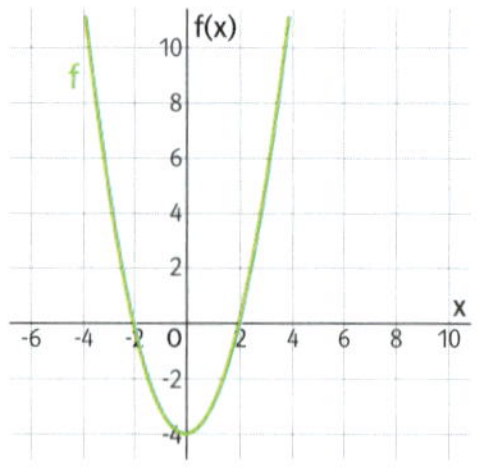

☐

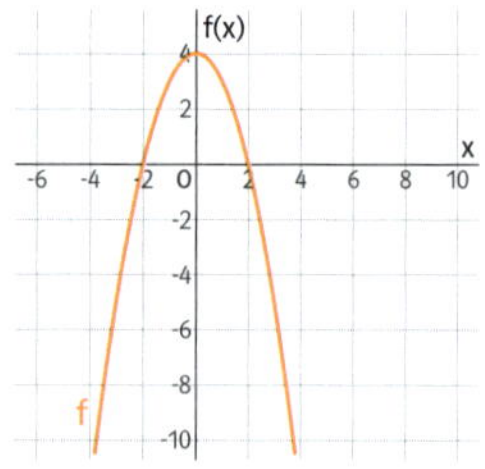

☐

I **128** Welche Termdarstellung passt zu welcher Tabelle? Trage den jeweils passenden Buchstaben in die Kästchen ein!

A $f(x) = -x^2 + 2$ **B** $f(x) = -0{,}5 \cdot x + 2$ **C** $f(x) = -0{,}5x - 2$ **D** $f(x) = x^2 - 2$

x	f(x)
−3	7
−2	2
0	−2
1	−1
2	2

☐

x	f(x)
−2	−1
−1	−1,5
0	−2
1	−2,5
3	−3,5

☐

x	f(x)
−4	−14
−3	−2
1	1
2	−2
4	−14

☐

Lineare Funktionen

I **129** Kreuze die Termdarstellungen an, die eine lineare Funktion beschreiben!

☐ $f(x) = 6 - 3x$ ☐ $f(x) = 3x^2 + 5$ ☐ $f(x) = -8x$ ☐ $f(x) = 9x^3$ ☐ $f(x) = 9{,}5 + 106{,}4x$

D **130** Es sei f eine direkte Proportionalitätsfunktion mit $f(x) = k \cdot x$! Gib eine Termdarstellung von f an!

a) $f(1) = 5$ $f(x) =$ ____________ **c)** $f(1) = 0{,}6$ $f(x) =$ ____________

b) $f(1) = -8$ $f(x) =$ ____________ **d)** $f(1) = -\frac{1}{5}$ $f(x) =$ ____________

D **131** Es sei f eine allgemeine lineare Funktion mit $f(x) = k \cdot x + d$! Gib eine Termdarstellung von f an!

a) Steigung = 3, $f(0) = 4$ $f(x) =$ ____________

b) $f(0) = -2$, $f(2) = 6$ $f(x) =$ ____________

c) $f(-3) = 8$, $d = 5$ $f(x) =$ ____________

D O A **132** Die nebenstehende Tabelle zeigt einen Ausschnitt aus den Nährwertangaben von Getränken.

Getränk	Menge	Kalorien (kcal)	Kilojoule (KJ)
Holunderlimonade	100 ml	22	95
Softdrink	100 ml	37	155
Sodawasser	100 ml	0	0
Aqua plus Apfelsaft	100 ml	13	57

1) Erstelle mit Hilfe dieser Daten Funktionen f, g, h und p, welche als Argument x die Portionsgröße (in ml) und als Funktionswert den Nährwertgehalt (in kcal) angeben! Vervollständige die Tabellen, zeichne die vier Funktionsgraphen mit vier verschiedenen Farben in das Koordinatensystem ein und gib je eine Termdarstellung zu jeder Funktion an!

Tabelle

Softdrink		Holunderlimonade		Sodawasser		Aqua plus Apfelsaft	
x	f(x)	x	g(x)	x	h(x)	x	p(x)
250		250		200		200	
500		400		400		500	
1000		1000		1000		1000	

Graph

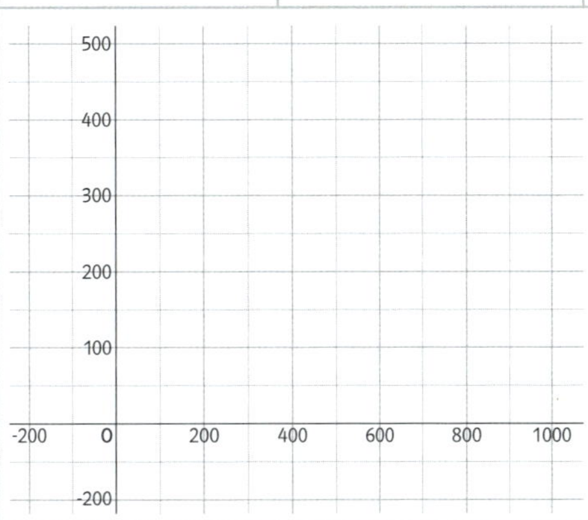

Termdarstellung

$f(x) =$ ____________

$g(x) =$ ____________

$h(x) =$ ____________

$p(x) =$ ____________

2) Erkläre, wie die „Steilheit" eines Graphen mit dem Funktionsterm zusammenhängt!

____

3) Ermittle $g(600)$ und gib an, was dieser Wert im Situationszusammenhang bedeutet!

____

I **133** Gegeben sind acht Funktionsgraphen. Ordne diese den angeführten Termdarstellungen korrekt zu, indem du den jeweils entsprechenden Buchstaben einträgst! Bedenke, dass einigen Termdarstellungen kein Graph zugeordnet werden kann!

$f_1(x) = \frac{1}{3} \cdot x$	
$f_2(x) = -\frac{1}{3} \cdot x$	
$f_3(x) = \frac{3}{3} \cdot x$	
$f_4(x) = \frac{3}{2} \cdot x$	
$f_5(x) = \frac{2}{3} \cdot x$	
$f_6(x) = 3 \cdot x - 2$	

$f_7(x) = 3 \cdot x + 2$	
$f_8(x) = 3 \cdot x$	
$f_9(x) = -3 \cdot x$	
$f_{10}(x) = -\frac{2}{2} \cdot x$	
$f_{11}(x) = -\frac{2}{3} \cdot x$	
$f_{12}(x) = -\frac{3}{2} \cdot x$	

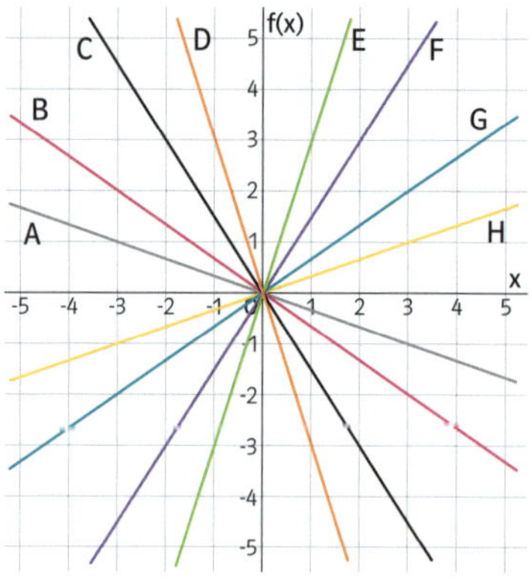

D I **134** In welchen Farben sind die Graphen der linearen Funktionen dargestellt? Gib die passenden Termdarstellungen an!

a)

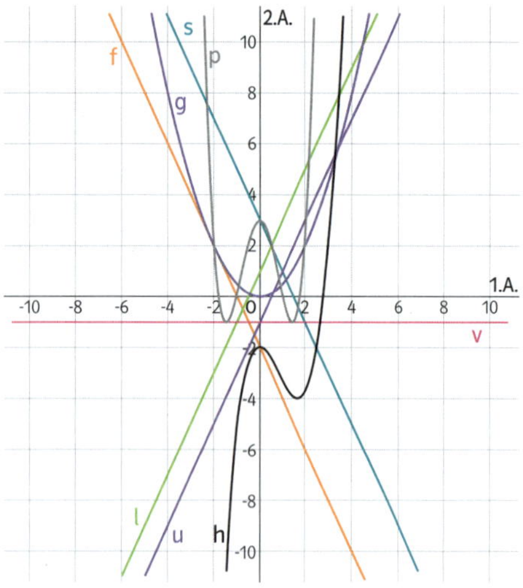

Farbe	Termdarstellung

b)

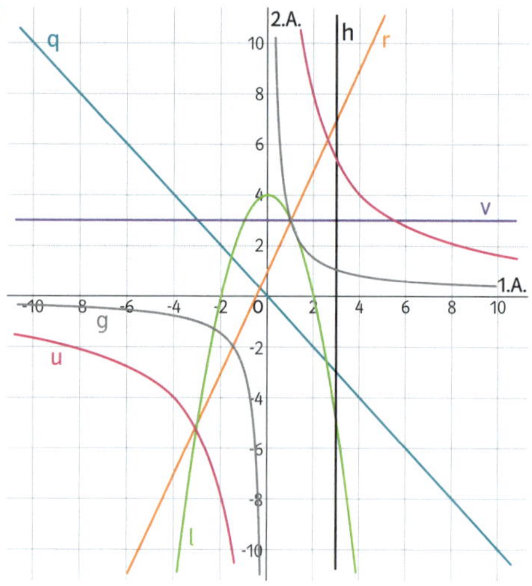

Farbe	Termdarstellung

D I **135** Vervollständige die Termdarstellungen der linearen Funktionen, die als Graphen gegeben sind!

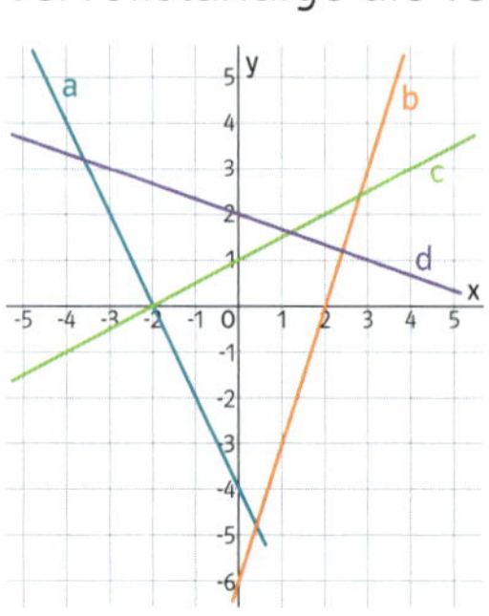

a(x) = ____________

b(x) = ____________

c(x) = ____________

d(x) = ____________

D I **136** Ergänze fehlende Darstellungen!

<table>
<tr><th></th><th>a)</th><th>c)</th><th>e)</th></tr>
<tr><td>Textform</td><td>Jedem Argument x wird die Hälfte seines Wertes zugeordnet.</td><td></td><td></td></tr>
<tr><td>Graph</td><td>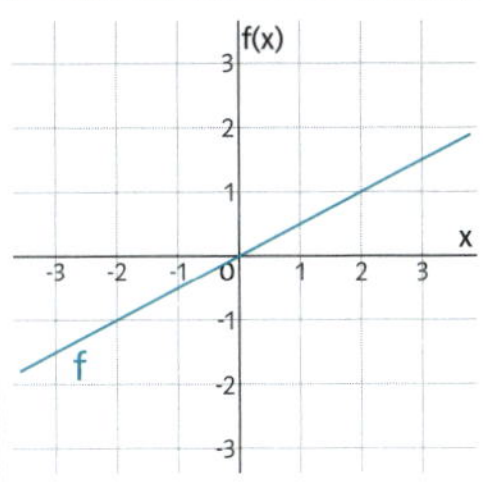
</td><td>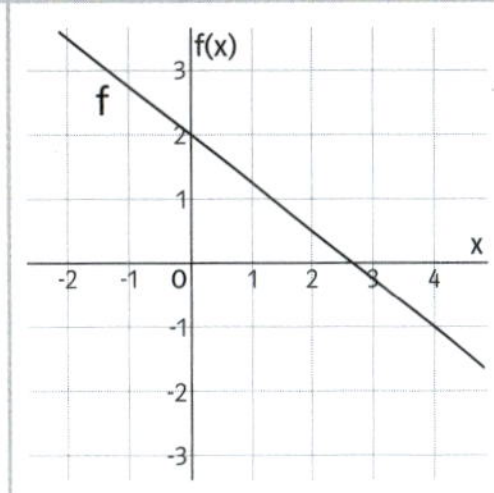
</td><td></td></tr>
<tr><td>Tabelle</td><td><table><tr><th>x</th><th>f(x)</th></tr><tr><td>−1,5</td><td>−0,75</td></tr><tr><td>−1</td><td>−0,5</td></tr><tr><td>0</td><td>0</td></tr></table></td><td><table><tr><th>x</th><th>f(x)</th></tr><tr><td>−4</td><td></td></tr><tr><td></td><td>2</td></tr><tr><td>6</td><td></td></tr></table></td><td><table><tr><th>x</th><th>f(x)</th></tr><tr><td>−3</td><td>−0,5</td></tr><tr><td>−1</td><td>0,5</td></tr><tr><td>2</td><td>2</td></tr></table></td></tr>
<tr><td>Termdarstellung</td><td>$f(x) = x : 2$ oder $f(x) = \frac{x}{2}$ oder $f(x) = 0{,}5 \cdot x$</td><td></td><td></td></tr>
</table>

<table>
<tr><th></th><th>b)</th><th>d)</th><th>f)</th></tr>
<tr><td>Textform</td><td></td><td>Jedem Argument x wird ein gleich großer Wert f(x) zugeordnet.</td><td></td></tr>
<tr><td>Graph</td><td></td><td></td><td></td></tr>
<tr><td>Tabelle</td><td><table><tr><th>x</th><th>f(x)</th></tr><tr><td>−1,5</td><td></td></tr><tr><td>1</td><td></td></tr><tr><td>4</td><td></td></tr></table></td><td><table><tr><th>x</th><th>f(x)</th></tr><tr><td>−1</td><td></td></tr><tr><td>0</td><td></td></tr><tr><td>3</td><td></td></tr></table></td><td><table><tr><th>x</th><th>f(x)</th></tr><tr><td>−1</td><td>−3</td></tr><tr><td>0</td><td>−1</td></tr><tr><td>4</td><td>7</td></tr></table></td></tr>
<tr><td>Termdarstellung</td><td>$f(x) = -x$</td><td></td><td></td></tr>
</table>

D | I **137** Gegeben sind Termdarstellungen linearer Funktionen sowie Gleichungen in zwei Variablen. Die Graphen der Funktionen sind Geraden ebenso wie die grafischen Darstellungen der Lösungsmengen der Gleichungen. In beiden Fällen wird x auf der 1. Achse aufgetragen. Welche Geraden sind parallel? Notiere die entprechenden Buchstaben!

A $-3+y=x$ **B** $6x+y=2$ **C** $f(x)=3x+2$ **D** $-9x+3y=3$ **E** $x+y-3=0$

F $3x+y=-5$ **G** $f(x)=3x+5$ **H** $-3x+y=4$ **I** $2y-4=6x$

______, ______, ______, ______, ______

I **138** Ordne den Termdarstellungen der linearen Funktionen den passenden Graphen zu, indem du den entsprechenden Buchstaben einträgst!

A
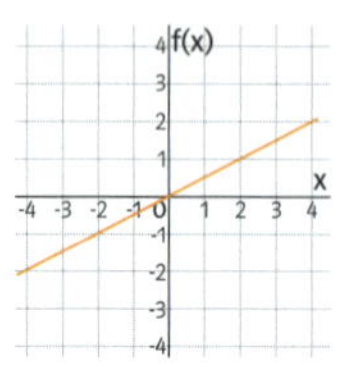

B
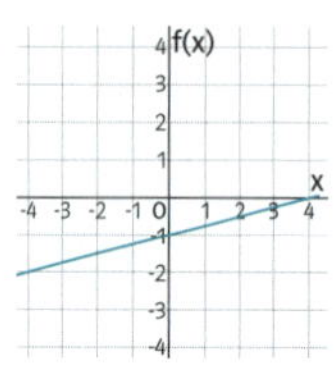

C
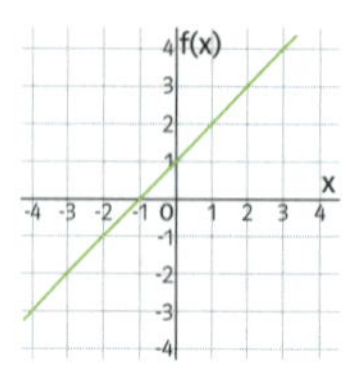

D
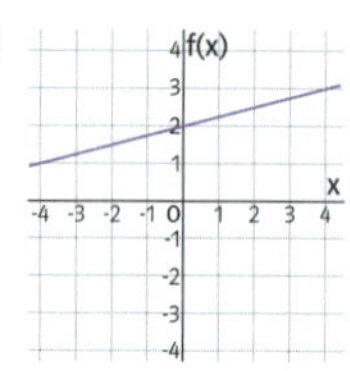

E
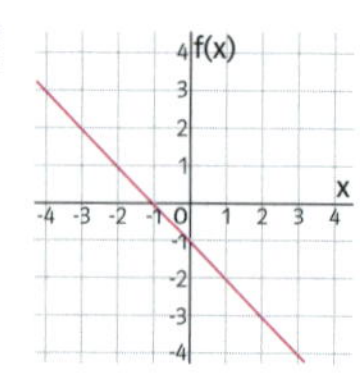

$f(x)=-x-1$	$f(x)=4x-1$	$f(x)=0{,}25x-1$	$f(x)=0{,}5x$	$f(x)=\frac{1}{4}x+2$	$f(x)=x+1$

I **139** Gegeben sind Termdarstellungen linearer Funktionen. Ordne diese nach der „Steilheit" der zugehörigen Funktionsgraphen!

$f(x)=1{,}2x+0{,}5$ $f(x)=0{,}2x+1000$ $f(x)=3x-1$ $f(x)=\frac{1}{3}x-1$ $f(x)=x-1$

$f(x)=\frac{4}{7}x-1$ $f(x)=\frac{3}{2}x$ $f(x)=0{,}5x-1$ $f(x)=10x+0{,}3$

„steilste"	„zweitsteilste"	„drittsteilste"	„viertsteilste"	„fünftsteilste"	„flachste"

D | I **140** Zum Zeitpunkt $t=0$ ist ein Auto 10 km vom Ort A entfernt. Es bewegt sich weiterhin mit 80 km/h vom Ort A weg. Es ist $s(t)$ die Entfernung des Autos vom Ort A.

1) Gib eine Termdarstellung der Funktion s an, die jedem Zeitpunkt t die Entfernung $s(t)$ zuordnet!

____

2) Stelle den Graphen von s in einem Koordinatensystem dar!

3) Vergrößert man das Argument t um 2, so nimmt der

Funktionswert um ______________________.

4) Gib an, in welcher Entfernung vom Ort A sich das Auto nach 70 Minuten befindet!

____

5) Ergänze fehlende Koordinaten von Punkten des Graphen: (0 |), (| 220)

4 Lösungen
Mathematik verstehen Arbeitsheft

1 Reelle Zahlen

1

	3	$\sqrt{\frac{9}{25}}$	8,004	$\frac{27}{3}$	−1,5	$-\sqrt{64}$	$3{,}5^2$	$-9{,}\dot{9}$	0
natürliche Zahl	☒	☐	☐	☒	☐	☐	☐	☐	☒
ganze Zahl	☒	☐	☐	☒	☐	☒	☐	☒	☒
rationale Zahl	☒	☒	☒	☒	☒	☒	☒	☒	☒

2 **a)** ☒ möglich: zB $\frac{37}{10}$
b) ☒ möglich: zB $-\frac{24}{2}$
c) ☒ nicht möglich
d) ☒ möglich: zB $-\frac{4}{9}$
e) ☒ möglich: zB $\frac{49}{7}$
f) ☒ möglich: zB $\frac{0}{2}$

3 **a)** 0,125 **e)** $-0{,}\overline{90}$
b) $-0{,}\dot{1}$ **f)** 0,35
c) 0,25 **g)** 0,9
d) $-0{,}\dot{3}$ **h)** $1{,}\dot{1}$

4 **1)** $\sqrt{18}$ cm **2)** 4,24 cm **3)** 4,2426 cm

5 **1)** $\sqrt{74}$ cm **2)** 8,60 cm **3)** 8,6023 cm

6 **1)** 0,53 **2)** 0,5394

7

n^2	1	9	16	36	49	75	144	915,06	2401	1000
2n	2	6	8	12	14	17,32	24	60,5	98	63,25
n	1	3	4	6	7	8,66	12	30,25	49	31,62
$\frac{n}{2}$	0,5	1,5	2	3	3,5	4,33	6	15,13	24,5	15,81
$\sqrt{n}$	1	1,73	2	2,45	2,65	2,94	3,46	5,5	7	5,62

8 **rationale Zahlen** **irrationale Zahlen**

rationale Zahlen: $\sqrt{0}$ $\sqrt{1}$ $\sqrt{4}$ $\sqrt{9}$ $\sqrt{16}$

irrationale Zahlen: $\sqrt{2}$ $\sqrt{3}$ $\sqrt{5}$ $\sqrt{6}$ $\sqrt{7}$ $\sqrt{8}$ $\sqrt{10}$ $\sqrt{11}$ $\sqrt{12}$ $\sqrt{13}$ $\sqrt{14}$ $\sqrt{15}$ $\sqrt{17}$ $\sqrt{18}$ $\sqrt{19}$ $\sqrt{20}$

9 **a)** $\mathbf{4}^2 = 16$ $(\mathbf{-4})^2 = 16$ **d)** $\left(\frac{11}{12}\right)^2 = \frac{121}{144}$ $\left(-\frac{11}{12}\right)^2 = \frac{121}{144}$
b) $\mathbf{9}^2 = 81$ $(\mathbf{-9})^2 = 81$ **e)** $\mathbf{2{,}5}^2 = 6{,}25$ $(\mathbf{-2{,}5})^2 = 6{,}25$
c) $\left(\frac{2}{5}\right)^2 = \frac{4}{25}$ $\left(-\frac{2}{5}\right)^2 = \frac{4}{25}$ **f)** $\mathbf{10{,}4}^2 = 108{,}16$ $(\mathbf{-10{,}4})^2 = 108{,}16$

10 Sei $x \in \mathbb{R}_0^+$, dann ist $(-x)\cdot(-x) = (-1)\cdot(-1)\cdot x \cdot x = x^2 \geq 0$. Es gibt keine reelle Zahl, deren Quadrat eine negative Zahl ist.

11 **a)** 4 **b)** 4 **c)** −5 **d)** 21 **e)** 1 **f)** 1

12 2

13 **a)** 4 **b)** 9 **c)** 7 **d)** 11 **e)** 12 **f)** 20

14 **a)** 2 **b)** 3 **c)** 5 **d)** 10 **e)** 9 **f)** 12

15 ☐ ☒
☒ ☐
☐ ☒
☒ ☐

16 **a)** $2\sqrt{2}$ **d)** $3\sqrt{n}$
b) $3\sqrt{7}$ **e)** $3a\sqrt{2b}$
c) $5\sqrt{11}$ **f)** $6c^2d^3\sqrt{7}$

17 Da $3888 = 4\cdot 972$, wird aus dem Faktor 4 die Wurzel gezogen, somit kommt $\sqrt{4} = 2$ vor die Wurzel. Da $972 = 4\cdot 243$, wird aus dem Faktor 4 die Wurzel gezogen, somit kommt ein weiteres Mal $\sqrt{4} = 2$ zusätzlich vor die Wurzel. Da $243 = 9\cdot 27$, wird aus dem Faktor 9 die Wurzel gezogen, somit kommt $\sqrt{9} = 3$ zusätzlich vor die Wurzel. Da $27 = 9\cdot 3$, wird aus dem Faktor 9 die Wurzel gezogen, somit kommt abermals $\sqrt{9} = 3$ zusätzlich vor die Wurzel.

18 **a)** $d = \sqrt{20}$ **b)** $d = \sqrt{45}$ **c)** $d = \sqrt{29}$ **d)** $d = \sqrt{13}$

19

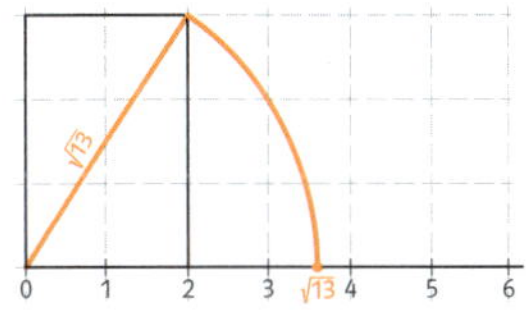

20

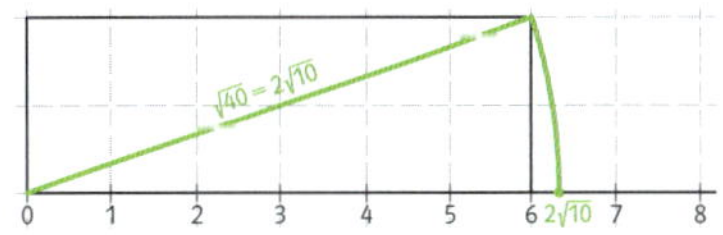

21 $3\sqrt{3} \approx 5{,}2$
Die Hypotenusenlänge ist 6 cm, die senkrechte Kathetenlänge ist 3 cm, dh. die waagrechte Kathetenlänge ist $\sqrt{6^2 - 3^2}$ cm $= \sqrt{27}$ cm $= 3\sqrt{3}$ cm $\approx 5{,}2$ cm.

22 **a)** $327\,m^2 : 21\,m \approx 15{,}6\,m$
In dieser Situation ist eine genauere Rundung als auf Dezimeter nicht zweckmäßig.
b) 194 km : 3 ≈ 65 km
In dieser Situation ist eine genauere Rundung als auf Kilometer nicht zweckmäßig.
c) 2 m : 7 ≈ 0,286 m
In dieser Situation ist eine Rundung auf Millimeter genau notwendig.
d) (0,14 mm + 0,021 mm) : 2 ≈ 0,08 mm
In dieser Situation (Durchschnittswert von zwei Mittelwerten) ist eine genauere Rundung als auf zwei Nachkommastellen nicht zweckmäßig.

23 Ist eine Zahl **irrational**, so **muss** sie gerundet werden, wenn man sie in **Dezimaldarstellung** angeben möchte. Ist eine Zahl **rational**, so kann sie keine Nachkommastellen aufweisen oder **kann** gerundet werden, wenn man sie in **Dezimaldarstellung** angeben möchte; sie kann aber auch eine **Periode** haben und daher besser in **Bruchdarstellung** angeschrieben werden.

24 **a)** $\frac{\sqrt{2}}{2}$ **d)** $\frac{1}{2}$
b) $\frac{5\sqrt{3}}{3}$ **e)** $\frac{3}{4}$
c) $\frac{\sqrt{5}}{1} = \sqrt{5}$ **f)** $\frac{7\sqrt{7}}{1} = 7\sqrt{7}$

25 **a)** $c = 30 \pm 1$ **d)** $c = 0{,}25 \pm 0{,}13$
b) $c = 77{,}5 \pm 2{,}5$ **e)** $c = 5{,}85 \pm 0{,}05$
c) $c = 4 \pm 0{,}3$ **f)** $c = 14{,}005\,25 \pm 0{,}000\,25$

26 **a)** $8{,}5 \leq d \leq 9{,}5$ **d)** $-1{,}5 \leq d \leq 2{,}3$
b) $12{,}88 \leq d \leq 15{,}12$ **e)** $14{,}43 \leq d \leq 25{,}68$
c) $51{,}95 \leq d \leq 52{,}25$ **f)** $89{,}998 \leq d \leq 110$

27
☒ ☐
☐ ☒
☐ ☒
☒ ☐
☐ ☒

28 **a)** ZB:

$2 \leq \sqrt{7} \leq 3$ $\sqrt{7} \in [2;\ 3]$

b) ZB:

$6 \leq \sqrt{53} \leq 8$ $\sqrt{53} \in [6;\ 8]$

c) ZB:

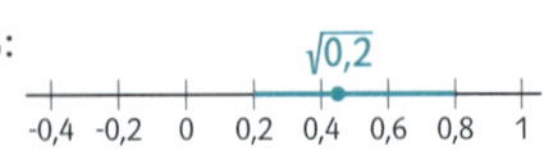

$0{,}2 \leq \sqrt{0{,}2} \leq 0{,}8$ $\sqrt{0{,}2} \in [0{,}2;\ 0{,}8]$

d) ZB:

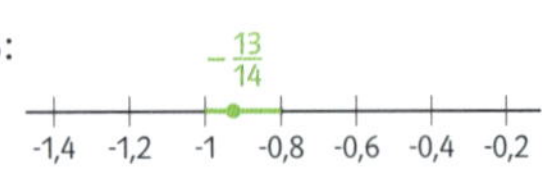

$-1 \leq -\frac{13}{14} \leq -0{,}8$ $-\frac{13}{14} \in [-1;\ -0{,}8]$

e) ZB:

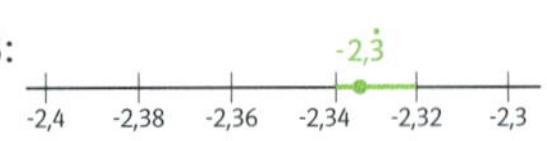

$-2{,}34 \leq -2{,}\dot{3} \leq -2{,}32$ $-2{,}\dot{3} \in [-2{,}34;\ -2{,}32]$

f) ZB:

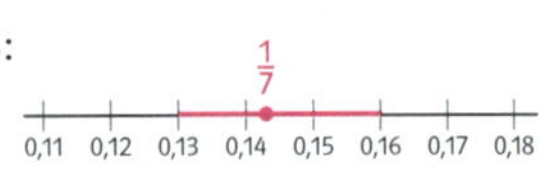

$0{,}13 \leq \frac{1}{7} \leq 0{,}16$ $\frac{1}{7} \in [0{,}13;\ 0{,}16]$

29 **1)** $\sqrt{5} + \left(-\frac{2}{7}\right) \approx 1{,}95$ $\left(-\frac{2}{7}\right) + \sqrt{5} \approx 1{,}95$
Das Kommutativgesetz der Addition gilt.

2) $\sqrt{5} \cdot \left(-\frac{2}{7}\right) \approx -0{,}64$ $\left(-\frac{2}{7}\right) \cdot \sqrt{5} \approx -0{,}64$
Das Kommutativgesetz der Multiplikation gilt.

30 **1)** $\left[\sqrt{3} + \left(-\frac{3}{2}\right)\right] + 8{,}25 \approx 8{,}48$ $\sqrt{3} + \left[\left(-\frac{3}{2}\right) + 8{,}25\right] \approx 8{,}48$
Das Assoziativgesetz der Addition gilt.

2) $\left[\sqrt{3} \cdot \left(-\frac{3}{2}\right)\right] \cdot 8{,}25 \approx -21{,}43$ $\sqrt{3} \cdot \left[\left(-\frac{3}{2}\right) \cdot 8{,}25\right] \approx -21{,}43$
Das Assoziativgesetz der Multiplikation gilt.

31

neutrales Element bezüglich der Addition	D
neutrales Element bezüglich der Multiplikation	A
inverses Element bezüglich der Addition	B
inverses Element bezüglich der Multiplikation	C

32 $\sqrt{5} \cdot (-\sqrt{6} + \sqrt{7}) \approx 0{,}44$ $\sqrt{5} \cdot (-\sqrt{6}) + \sqrt{5} \cdot \sqrt{7} \approx 0{,}44$ oder
$(\sqrt{5} - \sqrt{6}) \cdot \sqrt{7} \approx -0{,}56$ $\sqrt{5} \cdot \sqrt{7} - \sqrt{6} \cdot \sqrt{7} \approx -0{,}56$
Das Distributivgesetz gilt.

33 **a)** $\frac{4}{9}$ **b)** 6 **c)** $\frac{7}{3}$ **d)** 0

34

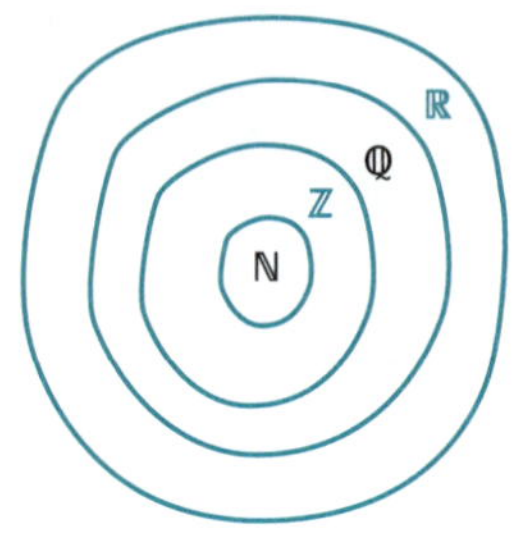

35

	ℕ	ℤ	ℚ	ℝ
a) −1	☐ ℕ	☒ ℤ	☒ ℚ	☒ ℝ
b) 2	☒ ℕ	☒ ℤ	☒ ℚ	☒ ℝ
c) 0	☒ ℕ	☒ ℤ	☒ ℚ	☒ ℝ
d) ≈ 16,024 579 547…	☐ ℕ	☐ ℤ	☐ ℚ	☒ ℝ
e) $-4{,}\dot{3}$	☐ ℕ	☐ ℤ	☒ ℚ	☒ ℝ
f) ≈ 1979,090 700 296…	☐ ℕ	☐ ℤ	☐ ℚ	☒ ℝ

36 **1)** ☒ Ja.
2) Frau Sinnreich profitiert, da bei Flächeninhaltsgleichheit die Seitenlänge mit 47,969 990 6… m etwas kleiner wäre als die Fläche mit einer Seitenlänge von 48 m, die ihr von der Gemeinde zur Verfügung gestellt wird.
3) Die Maßzahl des Flächeninhalts des rechteckigen Ackers gehört der Zahlenmenge der rationalen und somit auch jener der reellen Zahlen an. Die Maßzahl der errechneten Seitenlänge des quadratischen Ackers gehört nur der Menge der reellen Zahlen an.

37 $v \approx 27{,}78\,\text{m/s} \approx 100\,\text{km/h}$

2 Variablen, Terme, Gleichungen

38

Summe	Differenz	Produkt	Quotient
$5a + 3b$	$\frac{x}{3} - 1$	$3(a + b)$	$\frac{2x}{3}$
$6 + ab$	$m^2 - 2n$	$(3a - 5b) \cdot b$	$\frac{a+3}{b-2}$
$3ab + 4c$	$a^r - a^s$	$\left(\frac{1}{x} - \frac{1}{y}\right) \cdot (x + y)$	$\frac{a^4 - b^2}{36}$
$\frac{c}{3} + \frac{d}{4}$	$a^3 - 27$	$4(a - bc)$	$5x : \frac{3x}{y}$
$a^2(a - b) + b^2(b - a)$	$(x + y)^2 - z^2$	$(2a)^3 \cdot 2a$	$24x : 16a$

39 a) $(x+2)(x-3)$ $\quad 2(a+b)$
b) $2x+7$ $\quad a(a+b)+c$
c) $2+3x$ $\quad 2+3(a+b)$
d) $2(x+y)$ $\quad x(a+3)$
e) $(x-3y)\cdot 5$ $\quad \left(\frac{a}{2}-b\right)\cdot c$
f) $\frac{2}{x}-y$ $\quad \frac{3a}{b}-8c$
g) $\frac{4x+7y}{10}$ $\quad \frac{a^2+2b^2}{5c}$

40 a) $6(2a+b)$ e) $16(x+1)$
b) $8(2x^2-3)$ f) $2(4-3t)$
c) $2b(a-3)$ g) $18x(x-1)$
d) $7x(2x-3)$ h) $12a(a^2+1)$

41 a) 5 e) -3
b) a f) $-9b$
c) $\frac{1}{2}$ g) $\frac{1}{3}$
d) $\frac{1}{3}$ h) $-\frac{5}{6}$

42 a) A: 3 B: ab C: 5
b) A: 2 B: xy C: $-\frac{z}{2}$
c) A: $\frac{1}{3}$ B: m C: $-\frac{n}{2}$
d) A: 2 B: $\frac{x}{3}$ C: $4{,}5\cdot\frac{y}{z}$

43 a) ☒ ☒ ☐
b) ☐ ☒ ☒
c) ☐ ☒ ☒
d) ☒ ☐ ☒

44 a) $8a$ c) $-2x^2$
b) $-3ab$ d) $11ef$

45 a) $41x^2$
b) $-22a^2b$
c) $-xy^2$
d) $-0{,}22ef$
e) $11{,}25c^3d$
f) $-3pq^4$
g) 0

46 a) $10abc$
b) $-3u^2v+10uv^2$
c) $1+28x^2+60y^2$
d) $\frac{1}{4}y^2$

47 a) $u=\frac{11x}{2}$ $\quad A=\frac{21x^2}{16}$
b) $u=22x$ $\quad A=21x^2$

48 a) ☐ ☒ ☐ ☐
b) ☒ ☐ ☐ ☐
c) ☐ ☐ ☐ ☒
d) ☐ ☒ ☐ ☐

49 a) a^{12} d) $16a^2$
b) $12a^2$ e) a^3b^2
c) $-b^3$ f) $20a^3$

50 a) $-x^3y$ d) $2a^4$
b) $5x^2y^2$ e) $\frac{3}{4}s^3$
c) $12x^2y^2$ f) $\frac{4}{25}b^3$

51 a) $16a-16b$
b) x^2-x-1
c) $-\frac{2}{5}x^2$

52 a) $8a^2+14a+3$ c) $8b^2-20b+12$
b) $12x^2-2x-2$ d) $x^5+x^4-x^2-x$

53 a) $a^2+8a+16$ c) $4x^2-12xy+9y^2$ e) a^2-9
b) $4x^2+4x+1$ d) $9x^4-6x^2+1$ f) $4b^2-1$

54 a) $\frac{x^2}{4}+x+1$ c) $\frac{4x^2}{9}-\frac{4x}{9}+\frac{1}{9}$ e) $x^2-\frac{1}{4}$
b) $\frac{4a^2}{9}+4a+9$ d) $\frac{b^2}{4}-\frac{b}{2}+\frac{1}{4}$ f) $\frac{4a^2}{9}-\frac{b^2}{9}$

55 a) $(x+y)^2$ c) $(a-4)^2$
b) $(b+1)^2$ d) $(2x+3)^2$

56 a) $(x+y)(x-y)$ c) $(10a+8b)(10a-8b)$
b) $(x+9y)(x-9y)$ d) $(4x^2+3y)(4x^2-3y)$

57 a) $(\mathbf{x}+y)^2=\mathbf{x^2}+2xy+\mathbf{y^2}$
b) $(2a-\mathbf{4b})^2=\mathbf{4a^2}-\mathbf{16ab}+16b^2$
c) $(\mathbf{2b}+3)^2=\mathbf{4b^2}+12b+\mathbf{9}$
d) $(a-\mathbf{0{,}5b})^2=\mathbf{a^2}-\mathbf{ab}+\frac{1}{4}b^2$

58

Bruchterm	x = −2	x = −1	x = 0	x = 1	x = 2
$\frac{1}{x}$	$-\frac{1}{2}$	-1	–	1	$\frac{1}{2}$
$\frac{1}{x-2}$	$-\frac{1}{4}$	$-\frac{1}{3}$	$-\frac{1}{2}$	-1	–
$\frac{2x}{x-2}$	1	$\frac{2}{3}$	0	-2	–
$\frac{1}{x^2}$	$\frac{1}{4}$	1	–	1	$\frac{1}{4}$
$\frac{2x}{(x-2)^2}$	$-\frac{1}{4}$	$-\frac{2}{9}$	0	2	–
$\frac{1}{2+x}$	–	1	$\frac{1}{2}$	$\frac{1}{3}$	$\frac{1}{4}$
$\frac{x}{x^2+1}$	$-\frac{2}{5}$	$-\frac{1}{2}$	0	$\frac{1}{2}$	$\frac{2}{5}$
$\frac{3}{1-x^2}$	-1	–	3	–	-1

59 a) $a \neq 4$ d) $f \neq 0,\ e \neq -1,\ e \neq 1$
b) $x \neq -1,\ x \neq 1$ e) –
c) $a \neq 2,\ a \neq 0$ f) $y \neq -2$

60 a) $\frac{3}{a}=\frac{3b}{\mathbf{ab}}$ **a, b ≠ 0** d) $2x^2=\frac{16x^2yz}{\mathbf{8yz}}$ **y, z ≠ 0**
b) $\frac{9x}{4y}=\frac{\mathbf{9x^2}}{4xy}$ **x, y ≠ 0** e) $\frac{8pq}{p^2}=\frac{32p^2q^2}{\mathbf{4p^3q^2}}$ **p, q ≠ 0**
c) $\frac{bc}{2}=\frac{2abc}{\mathbf{4a}}$ **a ≠ 0** f) $\frac{1}{x+2}=\frac{2}{\mathbf{2(x+2)}}$ **x ≠ −2**

61 a) ☒ ☒ ☐ ☐ ☒
b) ☒ ☒ ☒ ☐ ☒
c) ☐ ☒ ☒ ☒ ☐
d) ☐ ☒ ☒ ☐ ☐

62 a) $\frac{2a}{a^2}=\frac{2}{\mathbf{a}}$ **a ≠ 0** d) $\frac{12xy}{6x}=\frac{2y}{\mathbf{1}}$ **x ≠ 0**
b) $\frac{6x}{9y}=\frac{\mathbf{2x}}{3y}$ **y ≠ 0** e) $\frac{3x+6}{4x+8}=\frac{3}{\mathbf{4}}$ **x ≠ −2**
c) $\frac{3a^2bc}{abd}=\frac{3ac}{\mathbf{d}}$ **a, b, d ≠ 0** f) $\frac{ax+ay}{av+aw}=\frac{\mathbf{x+y}}{v+w}$ **a ≠ 0, v ≠ −w**

63 **a)** ☒ ☒ ☒ ☐ ☐
b) ☒ ☒ ☐ ☐ ☐
c) ☒ ☒ ☐ ☐ ☒
d) ☒ ☐ ☐ ☒ ☒

64 **a)** $\frac{8x^2+4x}{x-1}$ $x \neq 1$

b) $\frac{2a+6}{a^2-1}$ $a \neq -1, a \neq 1$

c) $\frac{8}{3x}$ $x \neq 0$

d) $\frac{2x}{(x-2)^2}$ $x \neq 2$

65 Das Minus vor dem zweiten Bruchterm ist im Zähler des umgeformten Bruchterms beim Ausmultiplizieren nicht berücksichtigt worden. Der korrekte Zähler wäre $3a-6-5a+5$.

66 Da $n^2-1=(n-1)\cdot(n+1)$, ist der gemeinsame Nenner n^2-1. Somit muss nur der Zähler des zweiten Bruchterms mit $n+1$ erweitert werden. Alexander hat daher nicht nur einen falschen gemeinsamen Nenner gewählt, sondern zusätzlich noch falsch erweitert.

67 **a)** $\frac{2y}{3}$ $x \neq 0$

b) $-7xy$ $x, y \neq 0$

c) 6 $a \neq 4b,\ x \neq -2y$

d) $\frac{b(a-b)}{a+b}$ $a \neq 0,\ a \neq -b$

68 **a)** $\frac{7t}{6k-9}\cdot\frac{6t+7k}{8k}$ **c)** $\frac{2}{c^2d+c}\cdot\frac{d^3}{cd^2-d}$

b) $\frac{g^2h}{6g^2+h}\cdot\frac{h^2}{g-h}$ **d)** $\frac{r^2+s^2}{r^2-s^2}\cdot\frac{r^2}{s^2-r^2}$

69 Victor hat bereits vor dem Umformen in eine Multiplikation mit dem Kehrwert des Divisors durch b und durch (b + 2) gekürzt.

70 $\frac{2b}{1-a^2b}$

71 ☒
☐
☐
☒
☒

72 **a)** $\frac{5p^3+5p^2-5q^2-9p^2q^2}{3p+7q}$

b) $\frac{6}{3a-b}$

73 **a)** $3=\frac{4}{x}$ $|\cdot \mathbf{x}$
$3x=4$ $|:\mathbf{3}$
$x=\frac{4}{3}$

b) $12=\frac{4}{a}$ $|\cdot \mathbf{a}$
$12\cdot a=4$ $|:\mathbf{12}$
$a=0,\dot{3}$

c) $4=\frac{3}{x-1}$ $|\cdot(\mathbf{x-1})$
$4(x-1)=3$ | **Multiplikation**
$4x-4=3$ $|\mathbf{+4}$
$4x=7$ $|:\mathbf{4}$
$x=\frac{7}{4}$

d) $1=\frac{4}{x}-\frac{2}{x}$ $|\cdot \mathbf{x}$
$x=4-2$ | **Subtraktion**
$x=2$

74 **a)** $11=\frac{5}{x}+\frac{6}{x}$ $|\cdot \mathbf{x}$
$11x=5+6$ | **Addition**
$11x=11$ $|:\mathbf{11}$
$\underline{x=1}$

b) $1=\frac{5}{2x}-\frac{3}{2x}$ $|\cdot \mathbf{2x}$
$2x=5-3$ | **Subtraktion**
$2x=2$ $|:\mathbf{2}$
$\underline{x=1}$

c) $\frac{3}{2}-\frac{2}{x}=\frac{1}{4}+\frac{1}{2x}$ $|\cdot \mathbf{4x}$
$6x-8=x+2$ | **Subtraktion, Addition**
$5x=10$ $|:\mathbf{5}$
$\underline{x=2}$

75 **a)** $a+b=\frac{cb}{d}$ **c)** $ad+bd=cb$

b) $\frac{ad}{b}+d=c$ **d)** $\frac{1}{b}+\frac{1}{a}=\frac{c}{ad}$

76 **a)** ☒ ☒ ☐ ☒
b) ☐ ☒ ☒ ☒
c) ☒ ☐ ☒ ☒
d) ☒ ☒ ☐ ☐

77 **a)** $x=4;\ x \neq 0$ **c)** $a=\frac{1}{6};\ a \neq 0$

b) $x=\frac{1}{5};\ x \neq 0$ **d)** $x=\frac{4}{3};\ x \neq -1$

78 **a)** $x=9;\ x \neq 3$ **c)** $x=0;\ x \neq 1, x \neq 2$

b) $a=-7;\ a \neq -2$ **d)** $a=-\frac{4}{9};\ a \neq -\frac{1}{2}$

79 **a)** $a=8;\quad a \neq 1, a \neq 2$

b) $x=-\frac{1}{2};\quad x \neq -1, x \neq 1$

80 **a)** Gleichung: $\mathbf{\frac{12}{x}=3}$ $x \neq \mathbf{0}$ Lösung: $\mathbf{x=4}$

b) Gleichung: $\mathbf{\frac{12}{x}=\frac{16}{x-1}}$ $x \neq \mathbf{0, 1}$ Lösung: $\mathbf{x=-3}$

c) Gleichung: $\mathbf{\frac{4}{x+3}=\frac{6}{x+5}}$ $x \neq \mathbf{-5}, x \neq \mathbf{-3}$ Lösung: $\mathbf{x=1}$

d) Gleichung: $\mathbf{\frac{2x-8}{x}=6}$ $x \neq \mathbf{0}$ Lösung: $x=\mathbf{-2}$

e) Gleichung: $\mathbf{\frac{4}{x}+4=\frac{16}{x}}$ $x \neq \mathbf{0}$ Lösung: $\mathbf{x=3}$

f) Gleichung: $\mathbf{\frac{1}{2x+1}=\frac{1}{x}}$ $x \neq -\frac{1}{2}, x \neq \mathbf{0}$ Lösung: $\mathbf{x=-1}$

3 Gleichungen und Gleichungssysteme in zwei Variablen

81 **1)** $2x+2y=60$ **2)** (**0** | **30**), (**10** | **20**), (**15** | **15**), (**5** | **25**)
3) $2\cdot 40+2\cdot(-10)=60$, daher ist das Zahlenpaar Lösung der Gleichung. Eine negative Länge eines Parallelogramms stellt jedoch eine unsinnige Lösung dar.
4) $\mathbf{0<x<30, 0<y<30}$ **5)**

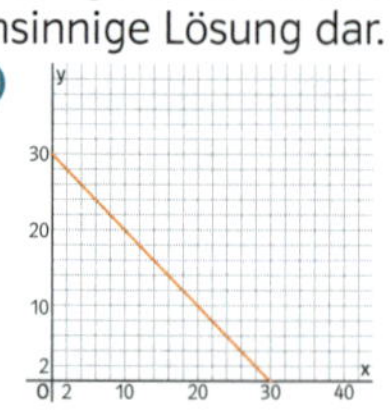

6) (2,5 | **27,5**), (12 | **18**), (**19,6** | 10,4), (**9,8** | 20,2)

82 **1)** $u - v = 15.$
2) $\mathbf{15 < u < 110}$, $\mathbf{0 < v < 95}$. Begründung: Herr Moro muss mindestens 15 Jahre alt sein und da es in Österreich niemanden gibt, der älter als 110 Jahre ist, wurde diese Zahl als obere Schranke gewählt. Die Schranken für Frau Schloffer sind dementsprechend niedriger.
3) **(30 | 15)**, **(42 | 27)**, **(61 | 46)**, **(100 | 85)**
4)
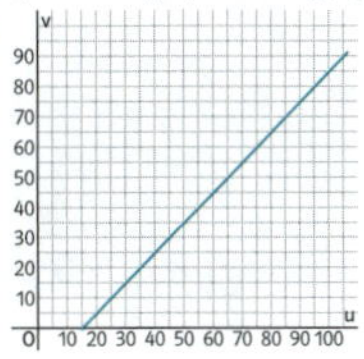

83 **1)** $a - b = 83.$
2) $\mathbf{83 < a < 110}$, $0 < b < \mathbf{27}$. Begründung: Frau Veit muss mindestens 83 Jahre alt sein und da es in Österreich niemanden gibt, der älter als 110 Jahre ist, wurde diese Zahl als obere Schranke gewählt. Die Urenkelin ist um 83 Jahre jünger.

84 **1)** Das Becken fasst **216** Liter Wasser.
2) $10x + 2y = 216$
3) **(0 | 108)**, **(10 | 58)**, **(20 | 8)**
4) Man wird die Kübel immer möglichst vollständig füllen; die Anzahl der Füllvorgänge ist positiv und ganzzahlig.
5) $0 < x < \mathbf{22}$, $0 < y < \mathbf{109}$
6)
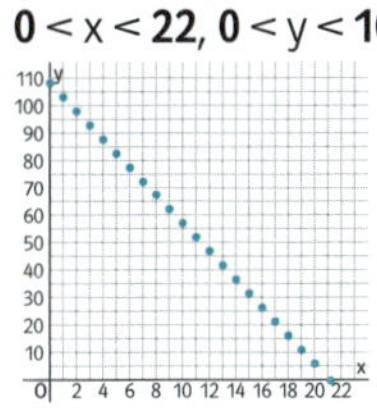

7) (0 | **108**). Das ist jener Fall, in dem Olaf ohne Lisas Mithilfe das Becken füllen würde. Er müsste allein 108 Mal seinen Kübel füllen.

85 **1)** $12a + 4b = 64$
2)
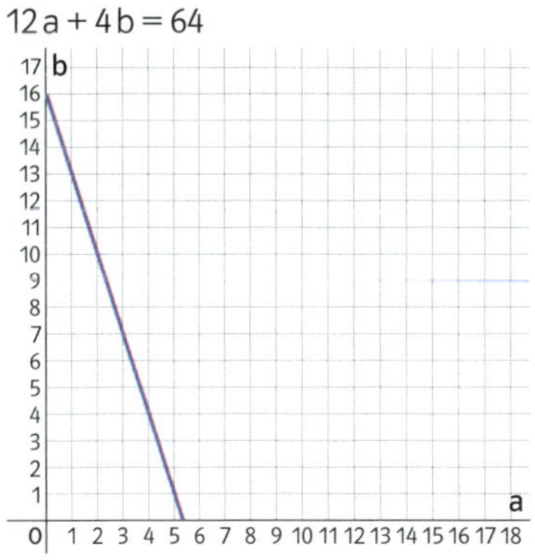

3) (2,5 | **8,5**), (5 | **1**)
Deutung: Die Kantenlängen sind 2,5, 5 und 8,5 bzw. 5, 10 und 1.
4) $12 \cdot 0 + 4 \cdot 16 = 64$ Das heißt, das Zahlenpaar ist Lösung der Gleichung. Zwei Kantenlängen wären aber null, das heißt, der Quader existiert nicht.

86 **1)** $2x + 3y = 13{,}8$
2) **(4,50€ | 1,60€)**

87 **a)** $x + 2y = 8$ **(0 | 4)**, **(8 | 0)**, **(2 | 8)**, **(5 | 1,5)**
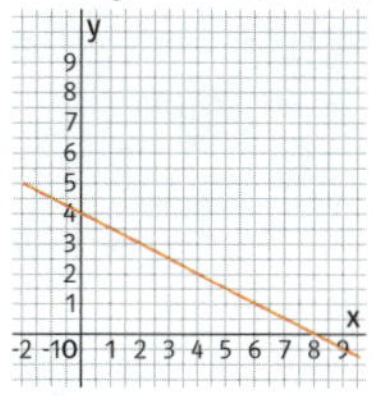

b) $3x - y = 4$ **(1 | −1)**, **(1,5 | 0,5)**, **(−1 | −7)**, **(0 | −4)**
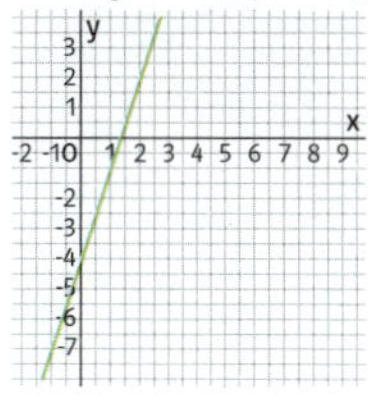

c) $x - 4y = 4$ **(0 | −1)**, **(4 | 0)**, **(3 | −0,5)**, **(−1,5 | 1,375)**
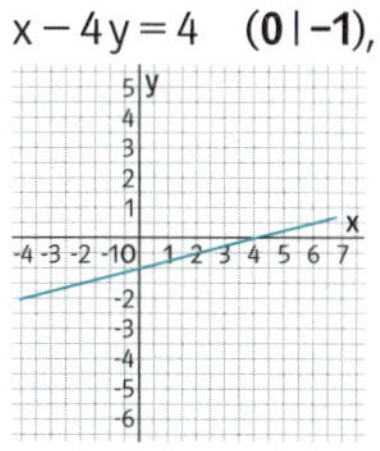

88

a) $\mathbf{-2x} + y - 200$	**b)** $y = \mathbf{100}$	**c)** $x - \mathbf{y} = 0$
(0 | **200**),	(0 | **100**),	(0 | **0**),
(−500 | **−800**),	(−500 | **100**),	(−500 | **−500**),
(**−100** | 0),	(**nicht möglich** | 0)	(**10** | 10)

89 ☐ ☐ ☒ ☐ ☐

90 **a)** $2x + y = 4$
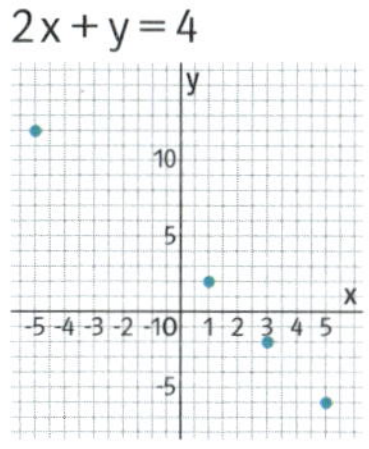

b) $-100x + y = 0$
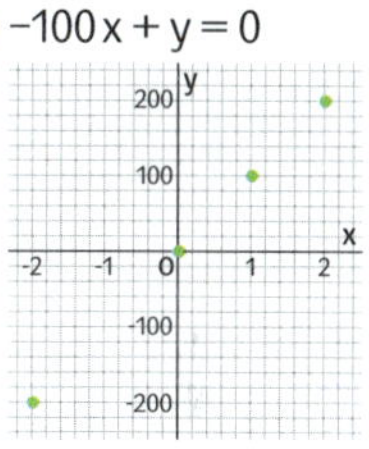

91 ☒
☒
☐
☐
☐

92 ZB:
Gleichung 1: $2x + 3y = -5$
Gleichung 2: $1{,}5x - 0{,}5y = 4{,}5$
Gleichung 3: $10x + y = 17$
Begründung: Es gibt unendlich viele Geraden durch einen Punkt.
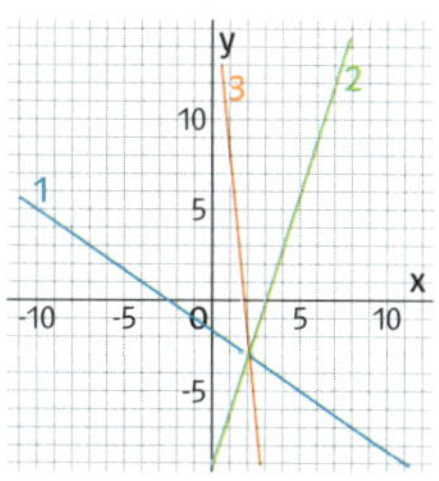

93 $100 + 9x + 5y = 0$ (−10 | −2), (−5 | −11)

94 **1)** $2 \cdot z_1 - z_2 = 64$ **(32 | 0)**, **(0 | −64)**
2) $2 \cdot z_1 - 3 \cdot z_2 = 0$ **(15 | 10)**, **(30 | 20)**
3)
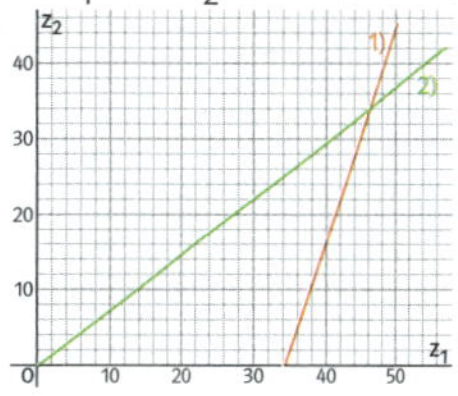

Lösung: (48 | 32)
Für dieses Zahlenpaar gelten beide Bedingungen.

95 **1)** $v + s + 20 = 64$
$v \cdot \frac{3}{8} = s$ ist das heutige Alter des Vaters und s das heutige Alter des Sohnes.

2) 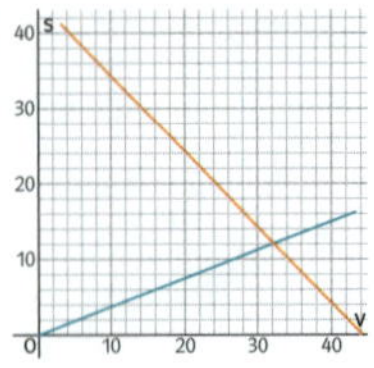

Lösung: (32 | 12)
Der Vater ist jetzt 32 und der Sohn 12 Jahre alt.

96 **1)** $s_1 + s_2 = 78$ **(39 | 39), (50 | 28)**
2) $s_1 - 4 = 6 \cdot (s_2 - 4)$ **(40 | 10), (10 | 5)**
3) 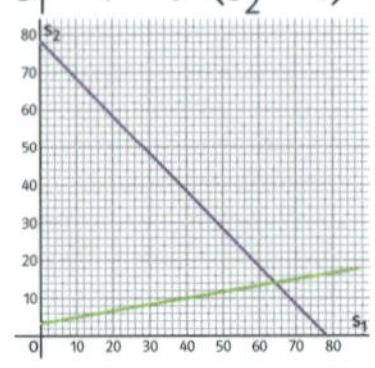

Lösung: (64 | 14)
Marion hat derzeit 64 Figuren und Asra 14.

97 Lösungswort: **ALGEBRA**

98 Im Prinzip haben beide Recht. Die Lösung lässt sich in diesem Fall grafisch nicht ganz genau ermitteln. Die angegebenen Koordinaten wurden daher im Rahmen der Möglichkeiten gerundet angegeben. Löst man das Gleichungssystem rechnerisch, erhält man als Lösung $(1,\dot{3} | 2)$.

99

L_3
L_1
L_4
L_2

100 **1)**

$2x - 2y = 1$
$3x + 2y = -2$
$2x + 3y = -3$

3) Lösung: **(0 | −1)**

2) 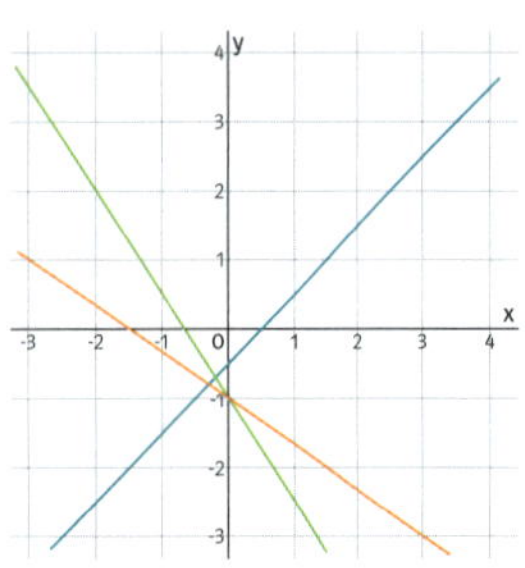

101 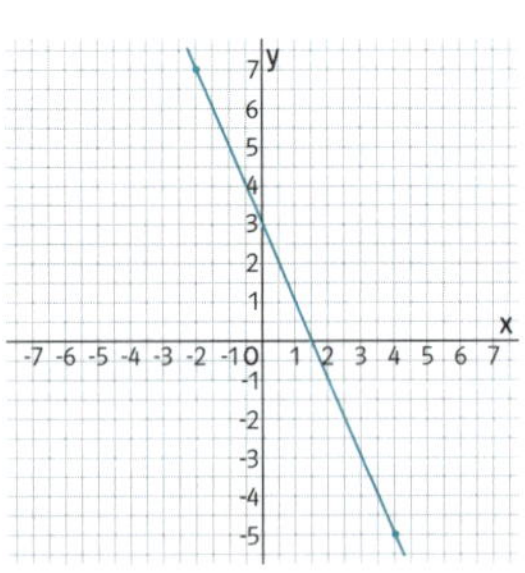

a) (3 | −3)
b) keine Lösung
c) (−1 | 5)

102 ZB: Die Ziffernsumme einer Zahl ist 8. Vertauscht man Einer- und Zehnerziffer, so ist die neue Zahl um 18 größer als die ursprüngliche Zahl. Lösung: Die ursprüngliche Zahl lautet 35.

103 **a)** (2,5 | −3,5) **b)** (5 | 1) **c)** (0 | −1,5) **d)** (1 | 1) **e)** keine Lösung **f)** (−1 | 3) **g)** (1,5 | 0) **h)** (4 | 8)

104 **a)** $\begin{cases} -x + 2y = 1 \\ \mathbf{2x} + y = 3 \end{cases}$ Lösung: (1 | 1)
b) $\begin{cases} \mathbf{-2x} + y = 5 \\ 3x + \mathbf{2y} = 3 \end{cases}$ Lösung: (−1 | 3)
c) $\begin{cases} x + \mathbf{2y} = -4 \\ -2x + y = \mathbf{7} \end{cases}$ Lösung: (−3,6 | −0,2)

105 ZB:

a) $\begin{cases} x + y = 4 \\ 2x - y = 2 \end{cases}$ $\begin{cases} 0,5x + 2y = 5 \\ -x + 2y = 2 \end{cases}$ $\begin{cases} -25x - 0,5y = -1,5 \\ x - y = 0 \end{cases}$

b) $\begin{cases} 2x + y = 5 \\ 2x + y = 10 \end{cases}$ $\begin{cases} x + y = 3 \\ -x - y = 1 \end{cases}$ $\begin{cases} y = 3 \\ -y = 1 \end{cases}$

c) $\begin{cases} 2x + y = 3 \\ 4x + 2y = 6 \end{cases}$ $\begin{cases} x + y = 5 \\ -x - y = -5 \end{cases}$ $\begin{cases} -0,25x - 0,5y = -1,5 \\ x + 2y = 6 \end{cases}$

106 Lea ist **10** Jahre alt und Tom ist **7** Jahre alt.

107 erste zweistellige Zahl: **52**
Zahl mit vertauschten Ziffern: **25**

108 Ein Becher Joghurt kostet **0,35** € und das Flaschenpfand beträgt **0,20** €.

109 Das beladene Pferd ist **480** kg schwer und ein Sack ist **80** kg schwer.

110 erste Zahl: **−156** zweite Zahl: **−325**

111 Karl-Heinz ist **169** cm groß und Kelim ist **100** cm groß.

112 Sie treffen sich um **9:24** Uhr **50,4** km von der Schule entfernt.

113 Kredit 1: **15 000 €** Kredit 2: **25 000 €**

4 Funktionen

114 **Jeder Füllmenge** wird genau **eine Höhe** zugeordnet.
Jeder Seitenlänge wird genau **ein Flächeninhalt** zugeordnet.
Jedem Zeitpunkt wird genau **ein Umfang** zugeordnet.
Jedem Zeitpunkt wird genau **ein Luftdruck** zugeordnet.
Jeder Anzahl von Säcken wird genau **eine Lademasse** zugeordnet.

115 ☐ ☐
☒ ☒ Begründung: Gleichen Argumenten werden verschiedene Funktionswerte zugeordnet.

116 ☐
☐
☐
☒ Begründung: Gleiche Hausnummern kommen öfters vor.
☐
☐
☒ Die Zuordnung ist nicht eindeutig. Eine Telefonnummer hat kein Volumen, also existiert keine Zuordnung.

117

Wurst	
Masse in dag	Preis in €
0	**0**
10	**1,99**
15	**2,99**
30	**5,97**

Würfelzucker	
Anzahl der Packungen	Preis in €
1	**0,99**
2	**1,38**
3	**2,07**
5	**3,45**

Wäscheklammern	
Anzahl der Klammern	Preis in €
5	**1,99**
10	**1,99**
17	**3,98**
20	**3,98**

Eis	
Anzahl der Packungen	Preis in €
1	**3,99**
2	**5,99**
3	**8,98**
5	**14,96**

Mineralwasser	
Anzahl der Flaschen	Preis in €
1	**0,55**
2	**1,1**
6	**2,1**
10	**3,5**

Wäscheklammern	
Anzahl der Packungen	Preis in €
1	**1,99**
2	**3,98**
3	**5,97**
4	**7,96**

Tomaten	
Masse in g	Preis in €
100	**0,35**
250	**0,87**
300	**1,05**
420	**1,47**

Cornflakes	
Anzahl der Packungen	Preis in €
1	**1,49**
2	**2,98**
3	**4,47**
4	**5,96**

118 ☐ ☐ ☒ ☒ ☒
Begründung: Jedem Argument wird genau ein Funktionswert zugeordnet.

119 **1)** Größe 1: Zeit in Tagen
Größe 2: Höhe der Pflanze in mm
3) zwischen dem 4. und 5. Tag – 9 mm
4) zwischen dem 7. und 8. Tag – 0 mm
5) Wahrscheinlich war die Pflanze ausgewachsen und die Höhen blieben konstant.

2)
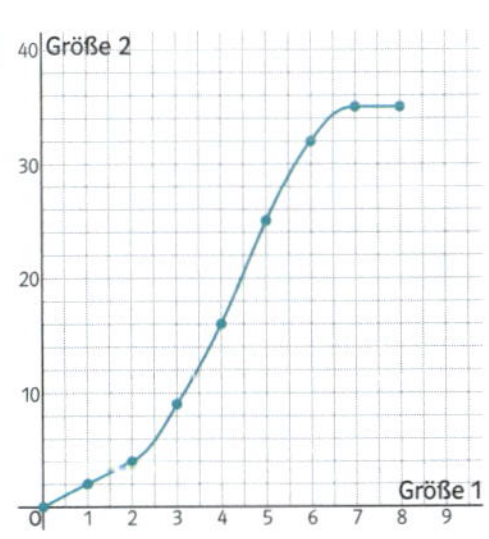

120 **1)**

Zeitpunkt t in Wochen	0	1	2	3	4	5	6	7
Kaffeemenge m in kg	2,6	2,15	1,7	1,25	0,8	0,35	−1	−55

2) Um |−0,1| kg = 0,1 kg bzw. um |−0,55| kg = 0,55 kg ist zu wenig Kaffee vorhanden.

3)
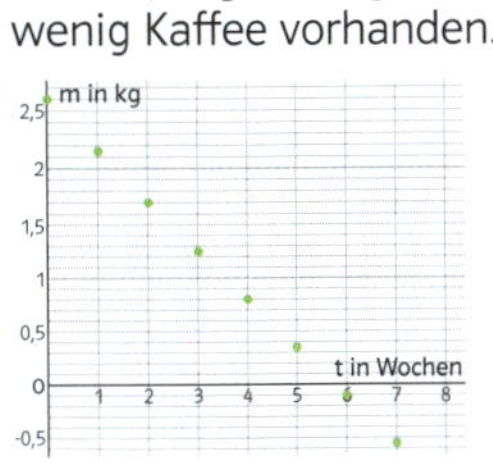

121 **1)** Jedem Zeitpunkt wird eine Körpertemperatur zugeordnet.

2)

Zeitpunkt t in h	6	12	24	30	36	48	54	60
Körpertemperatur in °C	38,2	39	37,3	40,1	37	36,7	37,2	37,4

3) 3,5 Tage lang
4) am zweiten Tag um 14:00 Uhr – 40,1 °C
5) 36,7 °C
6) ZB: Nur am ersten Tag ist die Temperatur am Abend höher als in der Früh. Die Behauptung kann daher nicht aufrechterhalten werden.
7) ZB: In der Nacht gab es keine Messungen und die Zeitabstände auf der ersten Achse sind unregelmäßig.
8) ZB: Nein, denn der Verlauf der Kurve zwischen den Messpunkten in der Realität verläuft nicht linear.

122

Seitenlänge a in cm	0,25	0,4	4	8	20,5	100	110
Oberflächeninhalt O in cm^2	0,375	0,96	96	512	2 521,5	60 000	7600

Seitenlänge a in cm	0,25	0,4	4	8	20,5	100	110
Kantenlängen k in cm	3	4,8	48	96	246	1200	1320

123
☒ ☐
☒ ☐
☐ ☒
☐ ☒
☐ ☒
☒ ☐
☐ ☒

124 **a)**

Seitenlänge a in cm	0,5	1	1,5	1,75	2	2,5	3
Volumen V(a) in cm^3	0,1	1	3,4	5,4	8	15,6	27

b)

Seitenlänge a in cm	0,5	1	2	10	15	20	100
Diagonalenlänge d(a) in cm	0,9	1,7	3,5	17,3	26,0	34,6	173,2

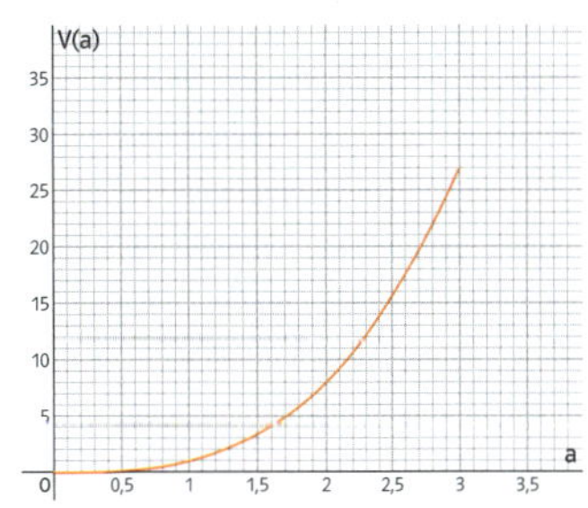

125 $f(x) = x^2 + 3$

126

	Termdarstellung	Argument aus ganz ℝ	
a)	$f(x) = \frac{x}{5}$	☒ ja	☐ nein
b)	$i(x) = \frac{1}{x^2}$	☐ ja	☒ nein
c)	$R(t) = 10 \cdot t$	☒ ja	☐ nein
d)	$h(x) = -4 + x$	☒ ja	☐ nein
e)	$p(t) = 5 \cdot \sqrt{t}$	☐ ja	☒ nein

127 B D A

128 D C A

129 ☒ ☐ ☒ ☐ ☒

130 a) $f(x) = 5 \cdot x$ **c)** $f(x) = 0{,}6 \cdot x$
b) $f(x) = -8 \cdot x$ **d)** $f(x) = -\frac{1}{5} \cdot x$

131 a) $f(x) = 3 \cdot x + 4$ **b)** $f(x) = 4 \cdot x - 2$ **c)** $f(x) = -1 \cdot x + 5$

132 1)

x	f(x)
250	**92,5**
500	**185**
1000	**370**

x	g(x)
250	**55**
500	**88**
1000	**220**

x	h(x)
250	**0**
500	**0**
1000	**0**

x	p(x)
250	**26**
500	**65**
1000	**130**

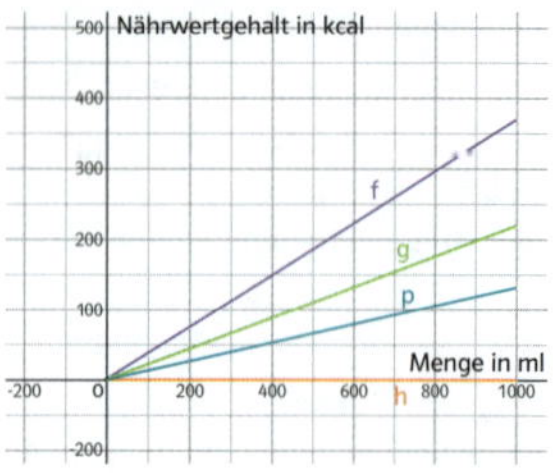

$f(x) = 0{,}37 \cdot x$ $g(x) = 0{,}2 \cdot x$ $h(x) = 0$ $p(x) = 0{,}13 \cdot x$

2) Man erhält den jeweiligen Funktionswert, indem man die Kalorienanzahl pro Milliliter mit dem Argument multipliziert. Je höher die Kalorienanzahl pro Milliliter ist, desto steiler ist die Kurve.

3) $g(600) = 132$ kcal. Das bedeutet, dass 600 ml Holundersaft einen Nährwertgehalt von 132 kcal haben.

133

H	
A	E
	D
F	
G	B
	C

134 a) orange: $f(x) = -2 \cdot x - 2$
blau: $s(x) = -2 \cdot x + 3$
grün: $l(x) = 2 \cdot x + 1$
lila: $u(x) = 2 \cdot x - 1$
b) blau: $q(x) = -x$ grün: $v(x) = 3$ orange: $r(x) = 2 \cdot x + 1$

135 $a(x) = -2 \cdot x - 4$
$b(x) = 3 \cdot x - 6$
$c(x) = \frac{1}{2} \cdot x + 1$
$d(x) = -\frac{1}{3} \cdot x + 2$

136 b) Jedem Argument x wird seine Gegenzahl zugeordnet.

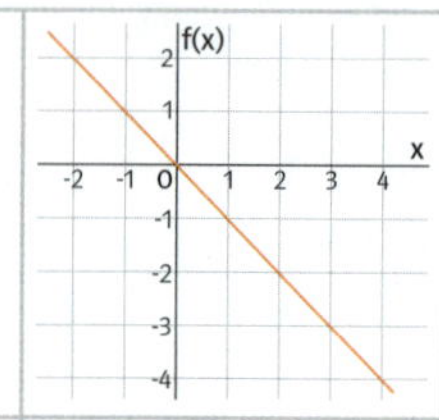

x	f(x)
−1,5	**1,5**
1	**−1**
4	**−4**

c) Jedem Argument x wird die Differenz aus 2 und drei Viertel des Wertes von x zugeordnet.

x	f(x)
−4	**5**
0	2
6	**−2,5**

$f(x) = -\frac{3}{4} \cdot x + 2$

d)

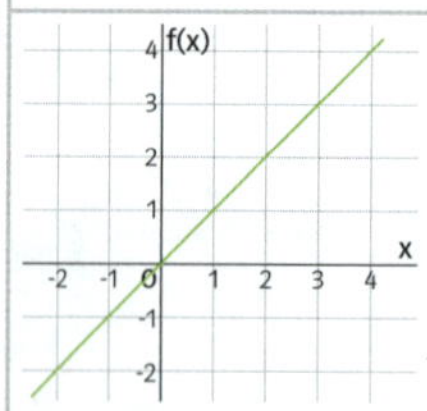

x	f(x)
−1	**−1**
0	**0**
3	**3**

$f(x) = x$

e) Jedem Argument x wird die Summe aus 1 und der Hälfte des Wertes von x zugeordnet.

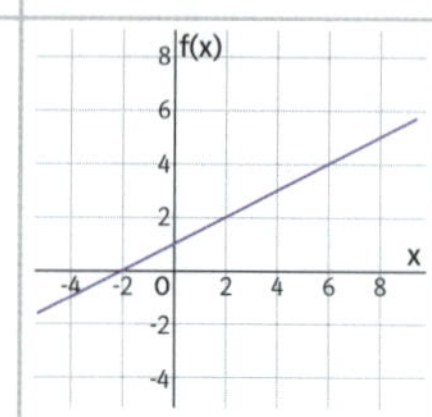

$f(x) = \frac{1}{2} \cdot x + 1$

f) Jedem Argument x wird die Differenz aus dem Doppelten des Wertes von x und 1 zugeordnet.

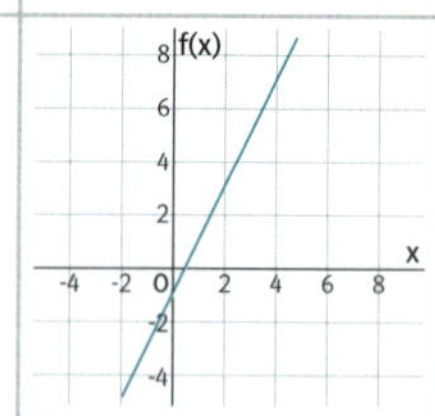

$f(x) = 2 \cdot x - 1$

137 C, D, G, H, I

138

E	keine	B	A	D	C

139

„steilste"	„zweitsteilste"	„drittsteilste"
$f(x) = 10x + 0{,}3$	$f(x) = 3x - 1$	$f(x) = \frac{3}{2}x$

„viertsteilste"	„fünftsteilste"	„flachste"
$f(x) = 1{,}2x + 0{,}5$	$f(x) = x - 1$	$f(x) = 0{,}2x + 1000$

140 1) $s(t) = 80t + 10$
2)

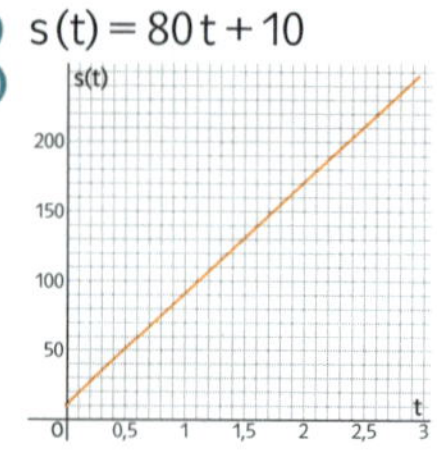

3) **160 km zu**
4) $s\left(\frac{7}{6}\right) \approx 93$ km
5) (0 | **10**), (**2,625** | 220)

141 1) $S \approx (\mathbf{7{,}7} \mid \mathbf{261})$. Das bedeutet, dass die beiden Räder gegen Ende des 8. Jahres ca. gleich viel wert sind.
Der Wert liegt bei ca. 261 €.
2) $S \approx (\mathbf{7{,}7} \mid \mathbf{260})$

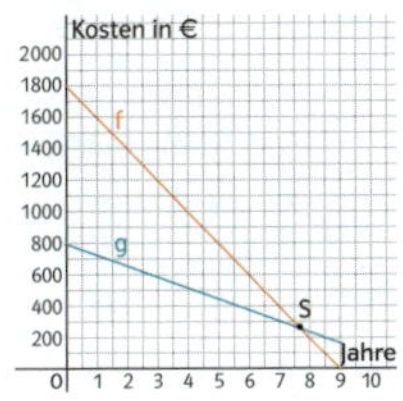

142 1)

x	0	200	400	600
$K_1(x)$	20	58	96	134

2) $K_1(x) = 0{,}19x + 20$
3)

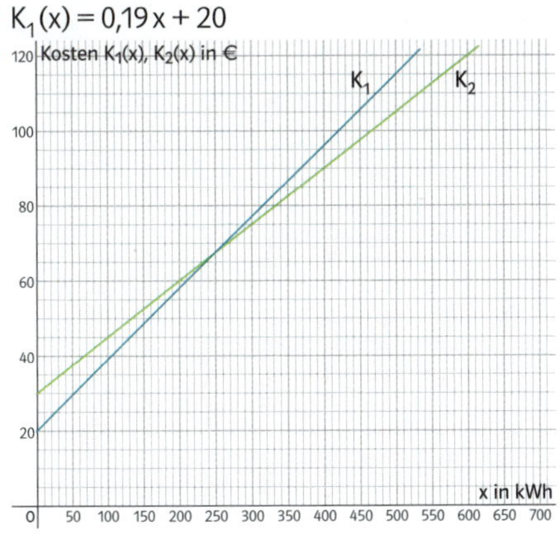

4) 11,2 €
5) 289,473 kWh
6) ☐ ☒
☐ ☒
☐ ☒
☒ ☐
☐ ☒
7) $K_2(x) = 0{,}15x + 30$

5 Die pythagoräische Satzgruppe

143

	a)	b)	c)
Hypotenuse	c	m	y
Katheten	a, b	t, k	x, x
Flächeninhalt	$A = \frac{a \cdot b}{2}$	$A = \frac{k \cdot t}{2}$	$A = \frac{x^2}{2}$
Umfang	$u = a + b + c$	$u = k + m + t$	$u = 2x + y$
Hypotenusenlänge	$c = \sqrt{a^2 + b^2}$	$m = \sqrt{k^2 + t^2}$	$y = \sqrt{x^2 + x^2} = x \cdot \sqrt{2}$
Kathetenlängen	$a = \sqrt{c^2 - b^2}$	$k = \sqrt{m^2 - t^2}$	$x = \frac{y}{\sqrt{2}} = \frac{y \cdot \sqrt{2}}{2}$
	$b = \sqrt{c^2 - a^2}$	$t = \sqrt{m^2 - k^2}$	

144 a) $c = \mathbf{7{,}5}$ cm **b)** $x = \mathbf{34{,}5}$ cm **c)** $\overline{AB} = \mathbf{48}$ mm

145 ☒ 9; 12; 15 ☒ 2,4; 4,5; 5,1 ☒ 0,15; 0,2; 0,25

146

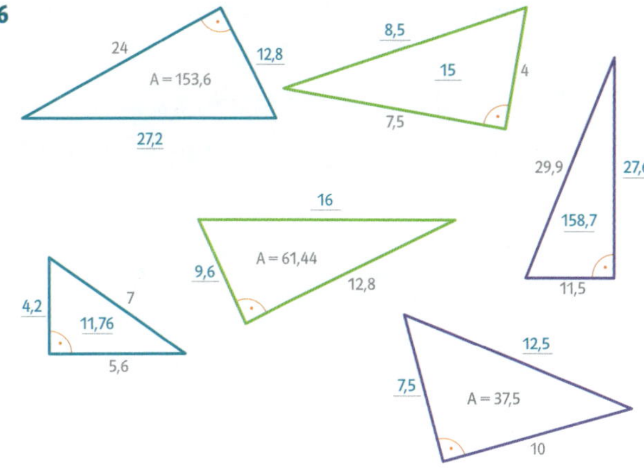

Die Zahlen 24, 70 und 74 können nicht zugeordnet werden. Sie bilden ein pythagoräisches Zahlentripel, da $24^2 + 70^2 = 74^2$.

147 1) $x = \sqrt{10{,}5^2 + 14^2} = 17{,}5$ (m);
Ersparnis $= (10{,}5 + 14) - 17{,}5 = 7$ (m)
Der direkte Weg durch die Wiese verkürzt die Wegstrecke um 7 m.
2) $p = \frac{7}{24{,}5} \cdot 100 = 28{,}571\ldots \approx 28{,}6\,\%$. Marco hat Recht.
3) Für $a^2 + b^2 = c^2$ ist ein Dreieck rechtwinkelig;
für $a^2 + b^2 > c^2$ ist es spitzwinkelig;
für $a^2 + b^2 < c^2$ ist es stumpfwinkelig.
Für x = 20 m ist $10{,}5^2 + 14^2 < 20^2$. Das Dreieck wäre stumpfwinkelig.

148 $x : 1 = \mathbf{100 : 8} \Rightarrow x = \mathbf{12{,}5}$ (m)
$y = \sqrt{x^2 + 1^2} = \sqrt{\mathbf{12{,}5^2 + 1^2}} = \mathbf{12{,}539\ldots} \approx \mathbf{12{,}54}$ **(m)**
Die waagrechte Entfernung x beträgt **12,5** m. Die Länge y der Rampe misst rund **12,54** m.

149 1) $a = 5{,}4$ cm; $A = 19{,}44\text{ cm}^2$
2) $h = 4{,}32$ cm
3) Ja, Pia hat Recht. Es gilt:
$A_{Halbkreis} = \frac{r^2\pi}{2}$
$r_a = \frac{a}{2} = 2{,}7$ cm; $r_b = \frac{b}{2} = 3{,}6$ cm; $r_c = \frac{c}{2} = 4{,}5$ cm
Die Gleichung $3{,}645\pi + 6{,}48\pi = 10{,}125\pi$ stimmt.

150

	a	b	c	p	q	h
a)	**18,0 cm**	**27,0 cm**	**32,5 cm**	10 cm	22,5 cm	**15 cm**
b)	6 m	**6,7 m**	**9 m**	4 m	**5 m**	**4,5 m**
c)	**126,2 cm**	**121,2 cm**	175 cm	**91 cm**	84 cm	**87,4 cm**
d)	**130 mm**	**312 mm**	**338 mm**	50 mm	**288 mm**	120 mm

151 1) Im Dreieck ABC ist BC = a die **Hypotenuse**.
Die Strecke BD = q ist ein **Hypotenusenabschnitt.**
Im Dreieck ABC ist x die **Höhe** auf die Seite **BC = a**.
Die Länge x lässt sich mit dem **Höhensatz** berechnen.
$x^2 = \overline{BD} \cdot \overline{\mathbf{CD}}$ $x = \sqrt{\overline{BD} \cdot \overline{\mathbf{CD}}} = \sqrt{\mathbf{8 \cdot 2}} = \mathbf{4}$ (cm)

2) Im Dreieck ABC ist AB = c eine **Kathete**.
Die Seitenlänge c lässt sich mit dem **Kathetensatz** berechnen.
$c^2 = \overline{BC}\cdot\mathbf{\overline{BD}}$ $\quad c = \sqrt{\overline{BC}\cdot\mathbf{\overline{BD}}} = \sqrt{\mathbf{10\cdot 8}} = \mathbf{8{,}9442\ldots \approx 8{,}9\,(cm)}$.
1. Möglichkeit: $AC = b$, $b = \sqrt{a^2 - c^2} = \sqrt{10^2 - 8{,}944\ldots^2}$
$= 4{,}4721\ldots \approx \mathbf{4{,}5}\,(\text{cm})$
2. Möglichkeit: $\overline{AC} = \sqrt{\overline{AD}^2 + \overline{CD}^2} = \sqrt{4^2 + 2^2} = 4{,}4721\ldots$
3. Möglichkeit: $\overline{AC} = \sqrt{\overline{BC}\cdot\overline{CD}} = \sqrt{10\cdot 2} = 4{,}4721\ldots$.
4. Möglichkeit: $A = \frac{b\cdot c}{2}$, $b = \frac{2\cdot A}{c} = \frac{2\cdot 20}{8{,}9442\ldots} = 4{,}4721\ldots$
$u = \overline{AB} + \overline{BC} + \overline{CA} = \mathbf{8{,}9442\ldots} + \mathbf{4{,}4721\ldots} + \mathbf{10}$
$= \mathbf{23{,}4164\ldots} \approx \mathbf{23{,}4}\,(\text{cm})$.

3) $A = \mathbf{20}\,\text{cm}^2$

152 $\overline{AC} = \overline{BD}$; $\overline{BD} = 2h + 4$, $h = \sqrt{1\cdot 1} = 1\,(\text{cm})$; $\overline{BD} = 2\cdot 1 + 4 = 6$
$A = \frac{d^2}{2} = \frac{\overline{AC}^2}{2} = \frac{6^2}{2} = 18\,(\text{cm}^2)$
$A = 18\,\text{cm}^2$

153 a) $\sqrt{8}, \sqrt{12}, \sqrt{24}$ **b)** $\sqrt{3}, \sqrt{12}$ **c)** $\sqrt{5}, \sqrt{6}, \sqrt{30}$

154 Die Länge der Diagonalen vergrößert sich um rund 1,4 cm.

155

	a)	b)	c)	d)	e)
a	**22,4 mm**	**31,2 cm**	1,5 m	**1521,22 mm**	**35,9 cm**
b	**11,2 mm**	**13 cm**	**1,323 m**	175 mm	**15,3 cm**
p	20 mm	**28,8 cm**	1,125 m	**1511,25 mm**	**33 cm**
q	5 mm	5 cm	**0,875 m**	20 mm	6 cm
d	**25 mm**	**33,8 cm**	**2 m**	**1531,25 mm**	39 cm
h	**10 mm**	12 cm	**0,992 m**	**173,85 mm**	**14,1 cm**

156 1) $d \approx 9{,}9\ (\text{cm})$
2) $A_{orange} = \frac{d^2}{2} : 2 = \frac{3^2}{2} : 2 = 2{,}25\ (\text{cm}^2)$
$A_{blau} = \frac{a^2}{2} = \frac{2^2}{2} = 2\,(\text{cm}^2)$
$A_{orange} = 2{,}25\,\text{cm}^2$, $A_{blau} = 2\,\text{cm}^2 \Rightarrow A_{orange} \neq A_{blau}$
3) $\overline{EH} = 2x + y$; $x = \frac{d}{\sqrt{2}} = \frac{3}{\sqrt{2}}$; $y = a\sqrt{2} = 2\sqrt{2}$;
$\overline{EH} = 5\sqrt{2} = 7{,}0710\ldots \approx 7{,}1\,(\text{cm})$
$A = \overline{EH}^2 = (5\sqrt{2})^2 = 50\,(\text{cm}^2)$
$\overline{EH} \approx 7{,}1\,\text{cm}$; Flächeninhalt $= 50\,\text{cm}^2$
4) $\overline{EG} = 10\,\text{cm}$

157 $\overline{AC} = \sqrt{(3x)^2 + (3x)^2} = \sqrt{9x^2 + 9x^2} = \sqrt{18x^2} = \mathbf{3x\cdot\sqrt{2}}$

$\overline{EC} = \sqrt{(3x)^2 + x^2} = \sqrt{9x^2 + x^2} = \sqrt{10x^2} = \mathbf{x\cdot\sqrt{10}}$

$\overline{AJ} = \sqrt{(2x)^2 + (2x)^2} = \sqrt{4x^2 + 4x^2} = \sqrt{8x^2} = \mathbf{2x\cdot\sqrt{2}}$

$\overline{FC} = \sqrt{(2x)^2 + x^2} = \sqrt{4x^2 + x^2} = \sqrt{5x^2} = \mathbf{x\cdot\sqrt{5}}$

$\overline{AK} = \sqrt{(3x)^2 + (2x)^2} = \sqrt{9x^2 + 4x^2} = \sqrt{13x^2} = \mathbf{x\cdot\sqrt{13}}$

$\overline{JC} = \sqrt{x^2 + x^2} = \sqrt{2x^2} = \mathbf{x\cdot\sqrt{2}}$

158 a) Sarah: $A_{Rechteck} = a\cdot b = 1{,}5\cdot 1{,}73 = 2{,}595\,(\text{m}^2)$;
$A_{Dreieck} = 2{,}595 : 24 = 0{,}108125\,(\text{m}^2)$
Anna: $h = 1{,}73 : 4 = 0{,}4325\,(\text{m})$; $a = 1{,}5 : 3 = 0{,}5\,(\text{m})$;
$A_{Dreieck} = \frac{a\cdot h}{2} = \frac{0{,}5\cdot 0{,}4325}{2} = 0{,}108125\,(\text{m}^2)$

b) Tom: $a = 1{,}5 : 3 = 0{,}5\,(\text{m})$; $12 : 0{,}5 = 24$ (Dreiecke)
Philipp: $1{,}5 : 3 = 12 : x$; $1{,}5x = 36$; $x = 24$ (Dreiecke)

159 $d = \sqrt{75^2 + 50^2} = 90{,}138\ldots \approx 90\,(\text{cm})$
Der Tisch kommt für Familie Bayer infrage, da die zusammengeklappten Tischbeine eine Länge von rund 90 cm haben.

160

a)	b)	c)	d)
☒	☒	☐	☒
☒	☒	☒	☐
☐	☒	☐	☐
☒	☐	☐	☒

161 1) $a = \mathbf{6}\,\text{cm}$, $b \approx \mathbf{5{,}2}\,\text{cm}$
2) Der Anteil p ist $\frac{1}{4} = 25\,\%$.

162

	a	b	h_a	h_b	e	f	A
a)	8,6 cm	4,1 cm	3,3 cm	**6,9 cm**	**11,5 cm**	**7,0 cm**	**28,38 cm²**
b)	**31,1 mm**	41 mm	26 mm	**19,7 mm**	68 mm	**26,0 mm**	**809,42 mm²**
c)	3,9 cm	**1,9 cm**	**1,5 cm**	3,1 cm	**5,3 cm**	**3,1 cm**	5,85 cm²
d)	**92,3 mm**	54 mm	35 mm	**59,8 mm**	**137,9 mm**	62 mm	**3230,43 mm²**

163

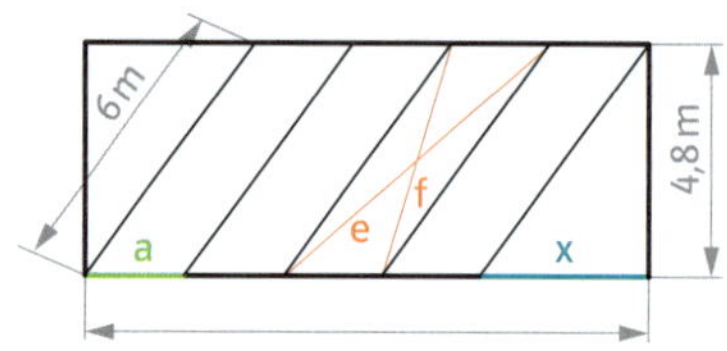

1) $x = \sqrt{6^2 - 4{,}8^2} = 3{,}6\,(\text{m})$
$a = (12 - x) : 4 = (12 - 3{,}6) : 4 = 2{,}1\,(\text{m})$
$A = a\cdot h_a = 2{,}1\cdot 4{,}8 = 10{,}08\,(\text{m}^2)$
Ein Parkplatz hat einen Flächeninhalt von rund **10** m².

2) $e = \sqrt{(2{,}1 + 3{,}6)^2 + 4{,}8^2} = 7{,}4518\ldots \approx 7{,}5\,(\text{m})$
$f = \sqrt{(3{,}6 - 2{,}1)^2 + 4{,}8^2} = 5{,}0289\ldots \approx 5{,}0\,(\text{m})$
Die beiden orangen Markierungen haben Längen von rund **7,5** m und **5** m.

164 1) $x = 12\,\text{cm}$, $y = 2{,}5\,\text{cm}$
2) $A = 60\,\text{cm}^2$

165 1) $a = \sqrt{\left(\frac{e}{2}\right)^2 + \left(\frac{f}{2}\right)^2} = \sqrt{6^2 + 4{,}5^2} = 7{,}5\,(\text{cm})$
$u_{Rhombus} = u_{Quadrat} = 4a = 4\cdot 7{,}5 = 30\,(\text{cm})$
Das Quadrat hat eine Seitenlänge von 7,5 (cm), weil
$u_{Rhombus} = u_{Quadrat} = 4\cdot a$
$A_{Rhombus} = \frac{e\cdot f}{2} = \frac{12\cdot 9}{2} = 54\,(\text{cm}^2)$,
$A_{Quadrat} = a^2 = 7{,}5^2 = 56{,}25\,(\text{cm}^2)$
Die Flächeninhalte der beiden Vierecke sind nicht gleich.
2) $d \approx 10{,}6\,\text{cm}$

166 $\overline{DC} = \mathbf{\overline{AB}} - \mathbf{\overline{AE}} = \mathbf{8} - \mathbf{3} = \mathbf{5}\,(\text{cm})$
$A = \frac{(\overline{AB} + \overline{DC})\cdot\overline{ED}}{2} \Rightarrow \overline{ED} = \frac{2\cdot\mathbf{A}}{(\mathbf{\overline{AB}} + \mathbf{\overline{DC}})} = \frac{2\cdot 26}{(\mathbf{8} + \mathbf{5})} = \mathbf{4}\,(\text{cm})$
$\overline{AD} = \sqrt{\mathbf{\overline{AE}^2 + \overline{ED}^2}} = \sqrt{\mathbf{3^2 + 4^2}} = \mathbf{5\,(cm)}$
$\overline{AC} = \sqrt{\mathbf{\overline{AB}^2 + \overline{BC}^2}} = \sqrt{\mathbf{8^2 + 4^2}} = \mathbf{8{,}9442\ldots \approx 8{,}9\,(cm)}$
$\overline{BD} = \sqrt{\mathbf{\overline{DE}^2 + \overline{EB}^2}} = \sqrt{\mathbf{4^2 + 5^2}} = \mathbf{6{,}4031\ldots \approx 6{,}4\,(cm)}$

167 1) Restflächeninhalt $\approx 1171\,(\text{m}^2)$
2) Er verdient daran 84 307,47 €

168 $\overline{AB} + x = \sqrt{\overline{AC}^2 - h^2} = \sqrt{5^2 - 3^2} = 4\,(cm)$; $x = 4 - 3 = 1\,(cm)$
$\overline{DC} = \overline{AB} + 2x = 3 + 2 = 5\,(cm)$
$A_{Trapez} = \frac{\overline{AB} + \overline{DC}}{2} \cdot h = \frac{3+5}{2} \cdot 3 = 12\,(cm^2)$
$A_{Dreieck} = \frac{\overline{DC}^2 \cdot \sqrt{3}}{4} = \frac{5^2 \cdot \sqrt{3}}{4} = 10{,}8253\ldots\,(cm^2)$
$A_{Fünfeck} = A_{Trapez} + A_{Dreieck} = 12 + 10{,}8253\ldots =$
$= 22{,}8253\ldots \approx 22{,}8\,(cm^2)$
$A \approx \mathbf{22{,}8}\,(cm^2)$

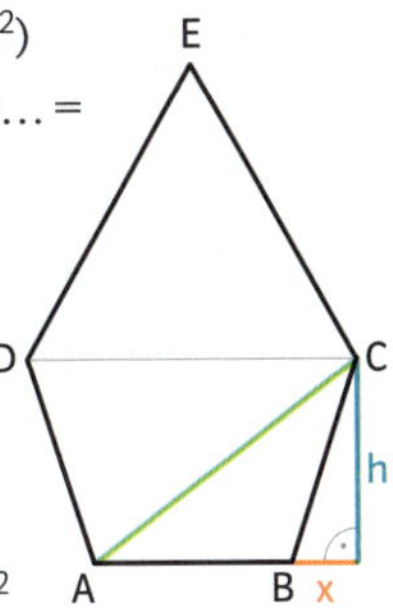

169 **1)** d = **2** cm, e ≈ **3,6** cm, **f = d = 2** cm
2) $A_Q = \mathbf{2}\,cm^2$, $A_D \approx \mathbf{3{,}6}\,cm^2$, $A \approx \mathbf{11{,}3}\,cm^2$

170 **1)** ☒ C
2)

	Würfel A	Würfel B	Würfel C
Seitenlänge a	25 cm	**≈ 28,3 cm**	**≈ 35,4 cm**
Volumen V	**15 625 cm³**	**22 627,4 cm³**	**44 194,2 cm³**
Flächendiagonalenlänge d_1	**≈ 35,4 cm**	40 cm	**50 cm**
Raumdiagonalenlänge d	**≈ 43,3 cm**	**≈ 49,0 cm**	**≈ 61,2 cm**
Abfall (in %)	**62,5 %**	**52 %**	25 %

171

	a)	b)	c)	d)	e)
a	5 cm	**18,2 cm**	7 cm	**8 mm**	**6,0 cm**
b	1 cm	**10,7 cm**	**3 cm**	15 mm	4 cm
h	2 cm	9 cm	12 cm	**20 mm**	**3 cm**
d_1	**5,1 cm**	**21,2 cm**	**7,6 cm**	17 mm	7,2 cm
d_2	**5,4 cm**	**20,3 cm**	**13,9 cm**	**21,5 cm**	**6,7 cm**
d_3	**2,2 cm**	14 cm	**12,4 cm**	25 mm	**5 cm**
d	**5,5 cm**	23 cm	**14,2 cm**	**26,2 mm**	7,8 cm
V	**10 cm³**	**1761,2 cm³**	252 cm³	**2 400 mm³**	**71,8 cm³**

172 **1)** Der Rauminhalt der Garage beträgt 50 m³.
2) Der Dachflächeninhalt misst rund 20,6 m².

173 Die längste Diagonale des Koffers misst rund **62** cm, daher **passt das Plakat in den Koffer**.

174 **1)** zB Dreieck **ABF, Dreieck ABC, Dreieck FES, Dreieck ECS, …**

2) Dreieck AFS: $s = \sqrt{\left(\frac{d}{2}\right)^2 + \mathbf{h^2}}$, $h = \sqrt{\mathbf{s^2} - \left(\frac{\mathbf{d}}{\mathbf{2}}\right)^2}$, $\frac{d}{2} = \sqrt{\mathbf{s^2 - h^2}}$

Dreieck FES: $h_a = \sqrt{\left(\frac{\mathbf{a}}{\mathbf{2}}\right)^2 + \mathbf{h^2}}$, $h = \sqrt{\mathbf{h_a}^2 - \left(\frac{\mathbf{a}}{\mathbf{2}}\right)^2}$, $\frac{a}{2} = \sqrt{\mathbf{h_a{}^2 - h^2}}$

Dreieck ECS: $s = \sqrt{\left(\frac{\mathbf{a}}{\mathbf{2}}\right)^2 + \mathbf{h_a{}^2}}$, $h_a = \sqrt{\mathbf{s^2} - \left(\frac{\mathbf{a}}{\mathbf{2}}\right)^2}$, $\frac{a}{2} = \sqrt{\mathbf{s^2 - h_a{}^2}}$

175

	a	s	h	h_a	O	V
a)	5 cm	**7,0 cm**	**6 cm**	6,5 cm	**90 cm²**	**50 cm³**
b)	50 mm	69 mm	**59,3 mm**	**64,3 mm**	**8 931,2 cm²**	**49 378,1 mm³**
c)	**5,6 m**	**8,2 m**	7,2 m	**7,7 m**	**117,9 m²**	75 264 dm³
d)	4 cm	**3,2 cm**	**1,5 cm**	**2,5 cm**	36 cm²	**8 cm³**

176 **1)** Formel: $V = \frac{4a^3}{3}$ Rechnung: $V = \frac{4 \cdot 3^3}{3} = \mathbf{36}\,(cm^3)$
2) O ≈ **65** cm²
3) $d_1 \approx \mathbf{4{,}2}\,cm$; d ≈ **5,2** cm
4) m = **0,694 8** kg

177 **1)** V ≈ 259 cm³
2) Es werden ca. 351 cm² Material benötigt.

178 **1)** $h = \sqrt{s^2 - \frac{a^2}{2}} = \sqrt{75{,}5^2 - \frac{40^2}{2}} = 70{,}0017\ldots \approx 70\,(cm)$

2) ☐
☒
☒
☐
☒

179 **1)** Beide Abbildungen zeigen ein Quadrat mit demselben Flächeninhalt, bei dem drei Streckenlängen in unterschiedlichen Farben dargestellt sind. In Abbildung A ist das Quadrat in vier kongruente rechtwinkelige Dreiecke und zwei unterschiedlich große Quadrate unterteilt, in Abbildung B ist es in vier kongruente rechtwinkelige Dreiecke und ein Quadrat unterteilt.
2) … mit b und die grüne mit c bezeichnet, dann verbleiben im Quadrat A zwei Quadrate mit den Flächeninhalten a² und b², im Quadrat B verbleibt ein grünes Quadrat mit dem Inhalt c². Da die „Restflächeninhalte" gleich sind, gilt: $a^2 + b^2 = c^2$.

6 Die Kreiszahl π

180 **A: Kreissehne**
B: Kreisbogen
C: Radius
D: Umfang
E: Durchmesser

181

	Kreis 1	Kreis 2	Kreis 3	Kreis 4	Kreis 5
Durchmesser	5,8 cm	9 dm	0,121 m	72 mm	8,46 km
Faktor	**3,138**	**3,144**	**3,140**	**3,139**	**3,142**
Umfang	18,2 cm	28,3 dm	0,380 m	226 mm	26,58 km

Alle Faktoren sind annähernd gleich π.

182

	Kreis 1	Kreis 2	Kreis 3	Kreis 4	Kreis 5
Radius	22 mm	1,77 dm	2,04 km	3,8 cm	0,59 dm
Faktor	**6,273**	**6,282**	**6,284**	**6,289**	**6,288**
Umfang	138 mm	11,12 dm	12,82 km	23,9 cm	3,71 dm

Alle Faktoren sind annähernd gleich 2π.

183 **1)** $u_1 = 40\,cm$ **2)** $u_2 \approx 28{,}3\,cm$ **3)** **28,3 cm < u < 40 cm**

184

	Kreis 1	Kreis 2	Kreis 3	Kreis 4	Kreis 5
Radius	8 cm	**5,00 m**	**3,1 dm**	**13,85 mm**	1,07 km
Durchmesser	**16 cm**	**10,00 m**	6,2 dm	**27,70 mm**	**2,14 km**
Umfang	**50,27 cm**	31,41 m	**19,48 dm**	87 mm	**6,72 km**

185 **1)** u ≈ 94,2 cm **2)** Die Nadel legt ca. 52,4 cm zurück.

186 r ≈ 6,68 m

187 **a)** u ≈ **31,41** **b)** u ≈ **21,99**

188 **a)** ☒ Radius, wenn Umfang = 50
b) ☒ Umfang, wenn Durchmesser = 24
c) ☒ Durchmesser, wenn Umfang = 19

189 **1)** ☒ Nein.
2) Der Faktor, mit dem 45 cm multipliziert werden muss, damit man 2 m = 200 cm erhält, ist nicht einmal annähernd 2π.

190 **1)** ☒ Nein.
2) $u_1 \approx$ **20,14 cm**; $u_2 \approx$ **18,85 cm**

191 **a)** $l \approx 196{,}3\,\text{m}$ **c)** $l \approx 98{,}2\,\text{m}$
b) $l \approx 1178{,}1\,\text{m}$ **d)** $l \approx 39{,}3\,\text{m}$

192 $d \approx 10{,}2\,\text{cm}$

193 **a)** $b \approx$ **16,76** m **b)** $b \approx$ **38,9** mm **c)** $b \approx$ **51,9** cm

194 **a)** Entfernung ≈ 1110 km **b)** Entfernung ≈ 2110 km

195 **A: Fläche eines Kreissegments**
B: Fläche eines Kreises
C: Fläche eines Kreisrings
D: Fläche eines Kreissektors

196 $A_2 < A_3 < A_1$ bzw. $32\,\text{cm}^2 < 50{,}3\,\text{cm}^2 < 64\,\text{cm}^2$

197

	Kreis 1	Kreis 2	Kreis 3	Kreis 4	Kreis 5
Radius	2,5 dm	**9 mm**	**6,41 m**	**0,42 km**	**5,56 mm**
Durchmesser	**5 dm**	18 mm	**12,82 m**	0,83 km	**11,11 mm**
Flächeninhalt	**19,63 dm²**	**254,47 mm²**	129 m²	**0,54 km²**	97 mm²

198 **1)** $r_2 =$ **62,4** mm
2) $A_1 \approx$ **8 494** mm²; $A_2 \approx$ **12 233** mm²
3) A_2 ist um 44 % größer als A_1.
Beim Flächeninhalt handelt es sich um ein Flächenmaß und nicht um ein Längenmaß, der Faktor 1,2 muss also quadriert werden, dh.: $(1{,}2)^2 = 1{,}44$.

199 ☒ $r_2 = r_1 \cdot \sqrt{2}$

200 $u \approx$ **58,17** cm; $A \approx$ **228,53** cm²

201 ☒ Durchmesser der Spielmünze

202 **a)** $A \approx$ **6 936,6** mm² **b)** $A \approx$ **309,26** dm²

203 ☒ $A = \frac{d_1^2}{4} \cdot \pi - \frac{d_2^2}{4} \cdot \pi$

204 $d_2 \approx$ **13,0** mm

205 **a)** $A \approx$ **10,47** cm² **b)** $A \approx$ **55,48** m²

206

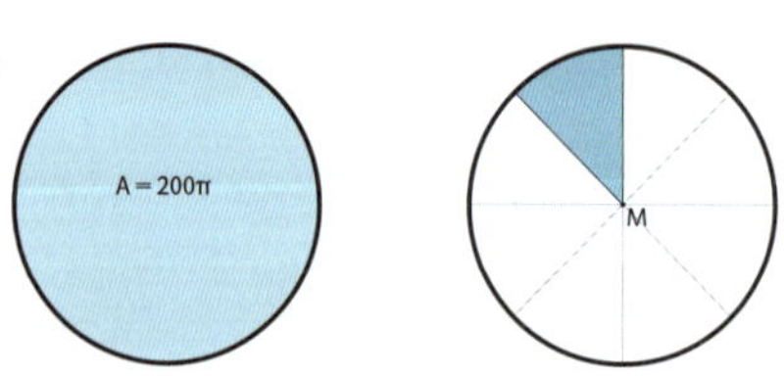

207 ☒ $\alpha_2 = \frac{1}{2} \cdot \alpha_1$

208 **1)** $r \approx$ **12,00** m **2)** $u \approx$ **53,33** m

209 **a)** $A \approx$ **18,27** cm² **b)** $A \approx$ **52,2** mm²

210 **a)** $A \approx$ **12,57** cm²; $u \approx$ **25,13** cm
b) $A \approx$ **364,03** m²; $u \approx$ **109,96** m
c) $A =$ **25** mm²; $u \approx$ **26,8** mm

7 Rotationskörper

211 ☒ ☐ ☐ ☐ ☒

212 **a)** $V = 7^2 \cdot \pi \cdot 3$ $V \approx$ **461,8** cm³
b) $V = 0{,}98^2 \cdot \pi \cdot 1{,}3$ $V \approx$ **3,92** m³
c) $V = 3{,}8^2 \cdot \pi \cdot 2$ $V \approx$ **90,7** cm³
d) $V = 5{,}2^2 \cdot \pi \cdot 21$ $V \approx$ **1783,9** m³

213

	a)	b)	c)	d)	e)
Radius r	17 mm	2,9 dm	**3 cm**	44 cm	**5 mm**
Höhe h	8 mm	**1,3 dm**	65 cm	**11 cm**	18 mm
Volumen V	**7 263 mm³**	34,3 dm³	1838 cm³	67 dm³	1,414 cm³

214 ☐ ☒
☐ ☒
☒ ☐
☒ ☐

215 **1)** $V_1 = 90\pi\,\text{cm}^3 \approx 282{,}7\,\text{cm}^3$; $V_2 = 20\pi\,\text{cm}^3 \approx 62{,}8\,\text{cm}^3$
2) V_2 macht ca. 22,2 % von V_1 aus.

216 $m \approx 128{,}78\,\text{kg}$

217 Ist $d = h$, so ist $r = \frac{h}{2}$ und $V = \left(\frac{h}{2}\right)^2 \pi h = \frac{h^3\pi}{4}$.

Ist $r = h$, so ist $V = h^2\pi h = h^3\pi$. Daher gilt $\frac{h^3\pi}{4} : h^3\pi = 1:4$.

218 **a)** $O = 2 \cdot 37^2 \cdot \pi + 2 \cdot 37 \cdot \pi \cdot 52$ $O \approx$ **20 691** mm²
b) $O = 2 \cdot 2{,}3^2 \cdot \pi + 2 \cdot 2{,}3 \cdot \pi \cdot 10{,}8$ $O \approx$ **189,31** m²
c) $O = 2 \cdot 0{,}67^2 \cdot \pi + 2 \cdot 0{,}67 \cdot \pi \cdot 1{,}14$ $O \approx$ **7,62** m²
d) $O = 2 \cdot 7{,}7^2 \cdot \pi + 2 \cdot 7{,}7 \cdot \pi \cdot 15$ $O \approx$ **1098,2** dm²

219

	a)	b)	c)	d)	e)
Radius r	24 cm	75 mm	3 dm	36 mm	10 mm
Höhe h	52 cm	**98 mm**	19 dm	**36 mm**	0,6 cm
Oberflächeninhalt O	**11 461 cm²**	81 483 mm²	**414,5 dm²**	162,8 cm²	**1005 mm²**

220 ☐ ☒ ☐ ☐

221 **a)** $A_D \approx 52{,}8\,\text{cm}^2$ **b)** $A_M \approx 454{,}3\,\text{cm}^2$

222 Der Radius r der Flasche wird so berechnet:
$1\,l = 1\,\text{dm}^3 = 1000\,\text{cm}^3$, dh. $1000 = r^2\pi \cdot 21 \Rightarrow r \approx 3{,}89\,\text{cm}$
Der Inhalt M der Mantelfläche wird so berechnet:
$M = 2 \cdot r \cdot \pi \cdot 21 \Rightarrow M \approx 513{,}7\,\text{cm}^2$
Der Inhalt A der Etikettfläche wird so berechnet:
$A = 15 \cdot 13 \Rightarrow A = 195\,\text{cm}^2$
„x % von y = z" bedeutet hier: $x\,\% \cdot M = A$; $\frac{A}{M} \approx 0{,}38 = 38\,\%$
Ja, es stimmt.

223 ☒
☒
☐
☒
☒

224 **a)** $V = \frac{12^2 \cdot \pi \cdot 28}{3}$ $V \approx$ **4 222** mm³
b) $V = \frac{4^2 \cdot \pi \cdot 15}{3}$ $V \approx$ **251,33** cm³
c) $V = \frac{1{,}8^2 \cdot \pi \cdot 4{,}7}{3}$ $V \approx$ **15,95** dm³
d) $V = \frac{0{,}76^2 \cdot \pi \cdot 2{,}61}{3}$ $V \approx$ **1,579** m³

225

	a)	b)	c)	d)	e)
Radius r	26 cm	**57 mm**	0,5 m	**2,3 dm**	39 cm
Höhe h	14 cm	88 mm	**1 m**	2,3 dm	**5 cm**
Volumen V	**9 910,7 cm³**	300 cm³	0,26 m³	12,74 dm³	7,96 dm³

226 1) ☒ Ja. $\frac{r^2\cdot\pi\cdot h}{3}=V$; $\frac{r^2\cdot\pi\cdot(3h)}{3}=3\cdot\frac{r^2\cdot\pi\cdot h}{3}=3\cdot V$

2) ☒ Nein. $\sqrt{\frac{3V}{\pi h}}=r$; $\sqrt{\frac{3\cdot(3V)}{\pi h}}=\sqrt{3}\cdot\sqrt{\frac{3V}{\pi h}}=\sqrt{3}\cdot r\neq 3\cdot r$

227 1) Das Trinkglas fasst höchstens ca. 0,168 l.
2) ☒ Nein. Die Hälfte von 0,168 l ist 0,084 l. Die Flüssigkeitshöhe müsste 5 cm = 0,5 dm sein.
$0{,}084=\frac{r_1^2\cdot\pi\cdot 0{,}5}{3}\Rightarrow r_1=4\,\text{cm}\Rightarrow d_1=8\,\text{cm}$
Das ist nicht möglich.

228 a) $s=\sqrt{\left(\frac{64}{2}\right)^2+24^2}$ $s=\mathbf{40}\,\text{mm}$
b) $s=\sqrt{\left(\frac{4{,}8}{2}\right)^2+7^2}$ $s=\mathbf{7{,}4}\,\text{cm}$
c) $s=\sqrt{\left(\frac{63}{2}\right)^2+8^2}$ $s=\mathbf{32{,}5}\,\text{cm}$
d) $s=\sqrt{\left(\frac{26}{2}\right)^2+84^2}$ $s=\mathbf{85}\,\text{dm}$

229

	a)	b)	c)	d)	e)
Radius r	36 cm	40 mm	13 dm	**315 cm**	24 mm
Höhe h	77 cm	**75 mm**	**84 dm**	**108 cm**	**143 mm**
Erzeugendenlänge s	**85 cm**	85 mm	**85 dm**	333 cm	**145 mm**
Mantelflächeninhalt M	**9 613,3 cm²**	**10 681 mm²**	**3 471 dm²**	3 295,37 dm²	**109,327 cm²**
Oberflächeninhalt O	**13 684,8 cm²**	**15 708 mm²**	4 002 dm²	**6 412,62 dm²**	127,423 cm²

230 ☐
☐
☒
☐

231 1)

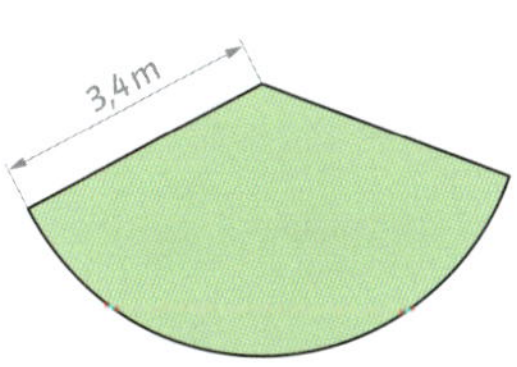

2) Es handelt sich um ca. 17,1 m² Zeltstoff.
3) d = 3,2 m; A ≈ 8,04 m²

232 1) V ≈ **314,2 cm³**; O ≈ **282,7 cm²**
2) $V_1\approx$ **274,9 cm³**
Es wird nicht nur die Höhe, sondern auch der Radius halbiert.

233 Eine Kugel ist ein geometrischer Körper mit einer ~~**gekrümmten**~~/gewölbten Oberfläche.
Der Abstand vom Mittelpunkt der Kugel bis zu jedem Punkt der Oberfläche ist der Radius/~~**Durchmesser**~~.
Die Oberfläche einer Hohlkugel nennt man ~~**Kugelsymmetrie**~~/Kugelsphäre.
Jede Schnittfläche durch die Kugel ist ein Kreis/~~**eine Ellipse**~~.

234

	a)	b)	c)	d)	e)
Radius r	82 mm	**3,6 cm**	**5 dm**	**0,04 m**	**24 cm**
Durchmesser d	**164 mm**	7,2 cm	**10 dm**	0,08 m	**48 cm**
Volumen V	**2 309,56 cm³**	**195,4 cm³**	523,6 dm³	**268 cm³**	18 432 π cm³

235 V = 507 456 π cm³ ≈ 1 594 220 cm³ ≈ 1,6 m³

236 Das Volumen der Kugel ist ca. 33 510 cm³, das Volumen der Halbkugel ist ca. 268 083 cm³. Da beide Körper aus dem gleichen Material sind, ist die Halbkugel schwerer als die Kugel. (Zur Kontrolle: Die Kugel wiegt ca. 30 kg, die Halbkugel wiegt ca. 241 kg.)

237 d ≈ 17,4 cm

238 1) V ≈ 4189 cm³
2) Der Durchmesser muss um ca. 5,2 cm vergrößert werden.
Verdoppelt man den Durchmesser, wird das Volumen verachtfacht.

239 V ≈ 1617 cm³

240

	a)	b)	c)	d)	e)
Radius r	7,9 dm	**17 mm**	**27,5 cm**	0,46 m	**7 cm**
Durchmesser d	**15,8 dm**	**34 mm**	55 cm	**0,92 m**	**14 cm**
Oberflächeninhalt O	**794,3 dm²**	3 631 mm²	**9 503,3 cm²**	**2,66 m²**	196 π cm²

241 O ≈ 68,7 m²

242 **1493,5 cm²** ≤ O ≤ **1 559,8 cm²**

243 1) V ≈ 5 890,5 cm³ **2)** O ≈ 2149,3 cm²

244 m ≈ 6135 kg

245 V ≈ 952 mm³

246 ☐ ☐ ☐
☒ ☒ ☐
☐ ☐ ☒

247 $O_K : O_Z$ = **2 : 3**

248 1) d ≈ 6,4 cm
2) Der Wasserspiegel steigt dadurch um ca. 3,5 cm.

8 Zentralmaße und Streuungsmaße

249 a) $\bar{x} = 23$
b) $\bar{x} \approx 166\,cm$
c) $\bar{x} = 35{,}2\,h$
d) Verhalten von Mensch und Tier: 21
Physik des Kochens: 12
Chemie-Olympiade: 18
Mathematik-Begabtenförderung: 9
$\bar{x} = 15$

250 1) $\bar{x} = 14$
2) 7, 13, 19, **17**
3) ZB: 8, 15, **11, 22**; 8, 15, **12, 21**; 8, 15, **13, 20**; 8, 15, **14, 19**

251 1) – Fehler beim Messen des Winkels (das Winkelmaß wurde auf der falschen Skala abgelesen)
– Fehler bei der Konstruktion des Parallelogramms
2) $\bar{x_1} = 57°$, $\bar{x_2} = 63{,}6°$
Der Wert $\bar{x_2} = 63{,}6°$ ist für den Vergleich des Winkels α im Parallelogramm ungeeignet, weil er von allen zehn Messwerten (aufgrund des Ausreißers) weit entfernt liegt.
3) Ausreißer dürfen aus einer Liste von Daten gestrichen werden, wenn sie auf einem Fehler beruhen oder extrem unwahrscheinlich sind.

252 1) $\bar{x} = 7$ (Minuten)
2) Sie braucht acht Minuten.
3) Die durchschnittliche Dauer beträgt rund 6,92 Minuten.
4) $\bar{x} = (7 \cdot 7 + 5 \cdot 6{,}8) : 12 \approx 6{,}92$ (Minuten)

253 ☒ ☐
☐ ☒
☒ ☐
☒ ☐
☐ ☒

254 1) Die durchschnittliche Höhe des Taschengelds in der 4A ist rund 19,09 €.
2) Die durchschnittliche Höhe des Taschengelds in der 4B ist rund 13,81 €.
Die vier verschiedenen Taschengeldbeträge werden mit den jeweiligen absoluten Häufigkeiten multipliziert: Diese Berechnung der Gesamtsumme ist kürzer als die Ermittlung der Summe der Einzelwerte.
3) Die durchschnittliche Höhe des Taschengelds in der 4C beträgt 13,40 €. Berechnung mit absoluten Häufigkeiten:
Zuerst wird der jeweilige Anteil der 25 Schülerinnen und Schüler für jeden Taschengeldbetrag berechnet: Diese Anteile entsprechen den absoluten Häufigkeiten. Das arithmetische Mittel kann mit Hilfe der absoluten Häufigkeiten berechnet werden.
4) $\bar{x} = \frac{22 \cdot 19{,}09 + 21 \cdot 13{,}81 + 25 \cdot 13{,}4}{22 + 21 + 25} \approx 15{,}37\,(€)$

255 1) 420, 450, 460, 480, 520; A, B; 100; D; Minimum, Maximum, Spannweite, Median
2) 9, 15, 17, 21, 24; C; Modus
3) $\bar{x} = 466$ (kcal); $\bar{x}' = 646$ (kcal); arithmetisches Mittel
4) 86; rund 466 kcal; rund 766 kcal

256 1) Nina: **Modus**, Fritz: **Median**, Juen: **arithmetisches Mittel**
2) Der **Modus** ist dann als Kennzahl für den Vergleich geeignet, wenn ein Wert deutlich häufiger auftritt als andere Werte. In der 4C ist der Modus „Nicht genügend", da es sechs Fünfer gibt; allerdings gibt es auch fünf „Gut" und vier „Sehr gut"; daher ist der Modus für den Vergleich der Testergebnisse ungeeignet.
Der **Median** ist eine statistische Kennzahl, die für die Beschreibung der mittleren Testergebnisse gut geeignet ist; über kleine oder große Werte kann mit dem Median jedoch keine Aussage getroffen werden.
In die Berechnung des **arithmetischen Mittels** fließen alle Noten ein – es beschreibt das mittlere Testergebnis der gesamten Klasse. Die Berechnung des arithmetischen Mittels ist bei einer metrischen Skala – mit gleichen Abständen zwischen den Daten – zulässig. Noten sind allerdings eine Rangskala, da sie zwar eine Reihenfolge angeben, die jeweilige Punktespanne für die Beurteilung mit einer Note jedoch unterschiedlich groß ist.
Mit diesen Einschränkungen können der Median und/oder das arithmetische Mittel für den Vergleich der Testergebnisse herangezogen werden.

257 1) geordnete Liste: 5, 6, 6, 8, 9, 10, 10, 11, 12, 12, 14
Minimum = 5, $q_1 = 6$, $q_2 = 10$, $q_3 = 12$, Maximum: 14
2)
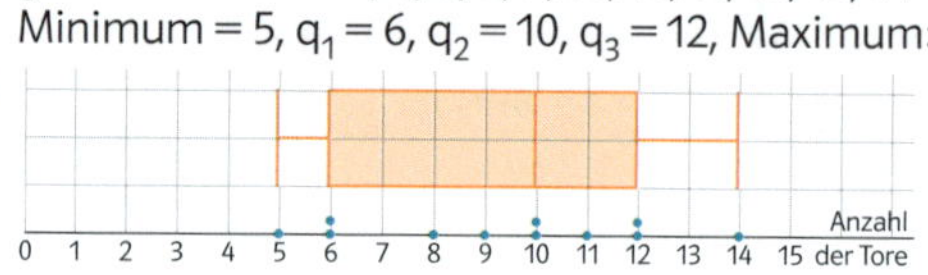

258 ☒
☐
☒
☒
☒

259 1) geordnete Liste: **2,9; 3,25; 3,35; 3,65; 3,7; 3,8; 3,85; 3,85; 3,85; 3,85; 3,95; 3,95; 4; 4,05; 4,05; 4,1; 4,15; 4,2**
Modus = **3,85** $\bar{x} \approx$ **3,806**
Minimum = 2,90, $q_1 = 3{,}70$, $q_2 = 3{,}85$, $q_3 = 4{,}05$, Maximum = 4,20
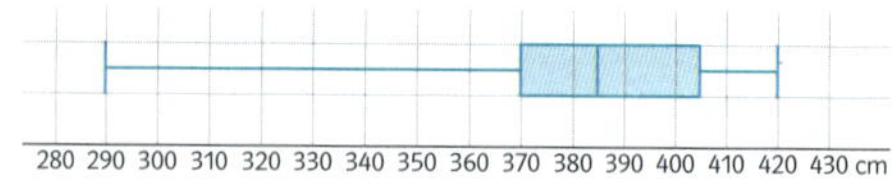

2) geordnete Liste: **4; 4,05; 4,05; 4,1; 4,15; 4,2**
Modus = **4,05** $\bar{x} \approx$ **4,092**
Minimum = 4,00, $q_1 = 4{,}05$, $q_2 = 4{,}075$, $q_3 = 4{,}15$, Maximum = 4,20
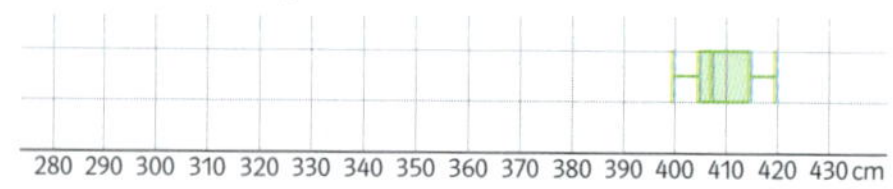

3) –

260 ☒ ☐ ☐
☐ ☐ ☒
☐ ☒ ☐
☒ ☒ ☐
☒ ☒ ☐

261 1) 4A: **2, 4, 4, 5, 5, 5, 6, 6, 7, 7, 7, 7, 8, 8, 8, 8, 8, 9, 9, 9, 9, 10, 10, 10**
4B: **3, 4, 6, 6, 6, 7, 7, 7, 7, 8, 8, 8, 8, 8, 9, 9, 9, 9, 9, 9, 9, 10, 10, 10**

2) 4A: Minimum: **2**
Quartil q_1: **5,5**
Median q_2: **7,5**
Quartil q_3: **9**
Maximum: **10**

4B: Minimum: **3**
Quartil q_1: **7**
Median q_2: **8**
Quartil q_3: **9**
Maximum: **10**

3) 4A:

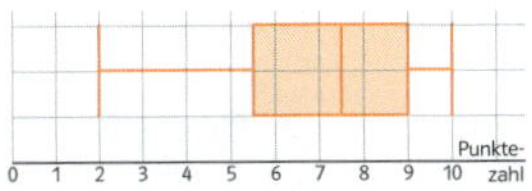

4B:

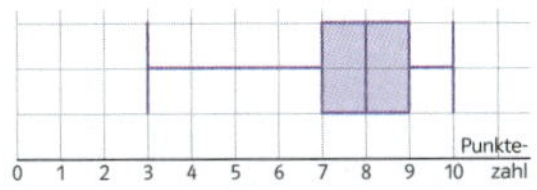

4) ☒
☒
☐
☐
☒

262 1) $\bar{x} \approx$ **53,33** $s \approx$ **4,51** $\bar{x} - s =$ **48,82** $\bar{x} + s =$ **57,85**

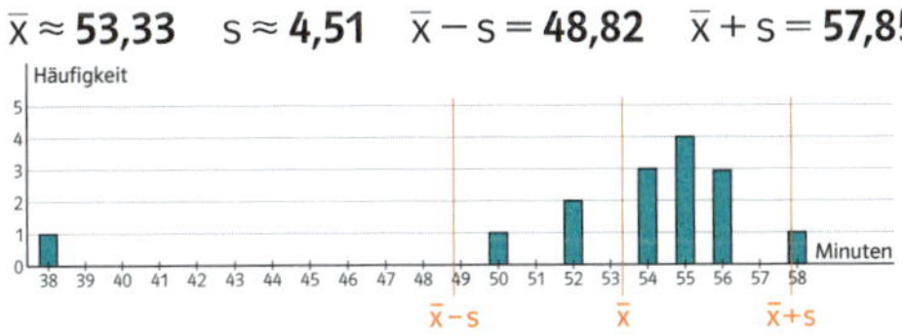

2) geordnete Liste: **38, 50, 52, 52, 54, 54, 54, 55, 55, 55, 55, 56, 56, 56, 58**
Minimum = 38 Quartil q_1 = 52 Median q_2 = 55
Quartil q_3 = 56 Maximum = 58

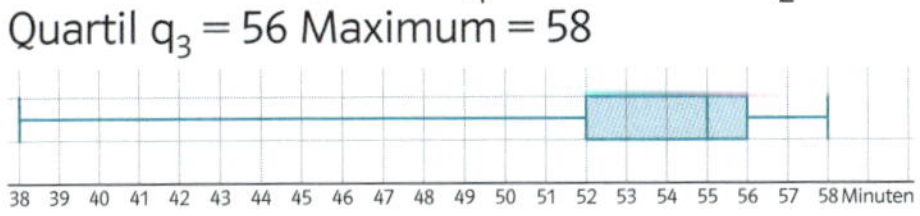

3) ZB:
- Albert hat bei einem Freund übernachtet.
- Albert hat ein anderes Verkehrsmittel benutzt.
- Albert ist von den Eltern mit dem Auto in die Schule gebracht worden.
- Albert hat beim Notieren der Fahrzeit einen Fehler gemacht.

In den genannten Fällen darf der „Ausreißer" gestrichen werden.

4) $\bar{x}' \approx$ **54,43** $\bar{x}' - s' =$ **52,48** $\bar{x}' + s' =$ **56,38**

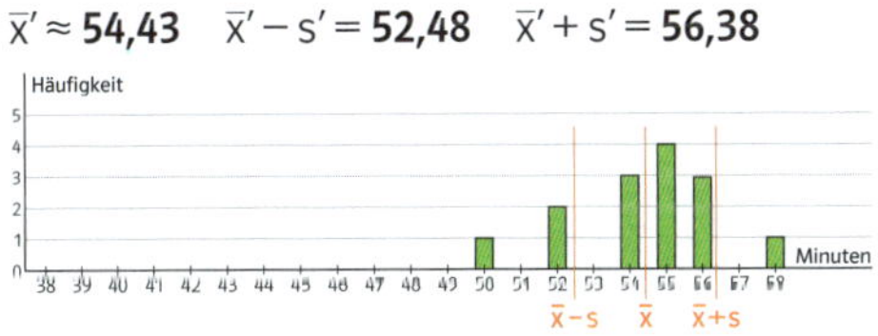

Das arithmetische Mittel liegt etwas hoher und die Standardabweichung ist deutlich kleiner als die entsprechenden Werte bei Teilaufgabe 1.

5) Minimum = 50 Quartil q_1 = 54 Median q_2 = 55
Quartil q_3 = 56 Maximum = 58

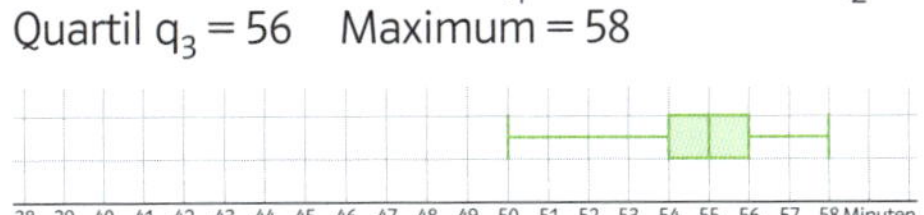

Durch die Streichung des „Ausreißers" haben sich das Minimum stark und das Quartil q_1 leicht erhöht.
Der Median q_2, das Quartil q_3 und das Maximum sind unverändert.

263 1) A

1	2	3	4	5	6	7	8	9
1	2	3	3	4	3	2	1	1

B

1	2	3	4	5	6	7	8	9
2	2	3	2	4	2	2	1	2

2) A: $\bar{x}$ = **4,75** $s \approx$ **2,05**
B: $\bar{x}$ = **4,75** $s \approx$ **2,38**

3) A: $[\bar{x} - s; \bar{x} + s] = [2,7; 6,8]$; 13 Werte

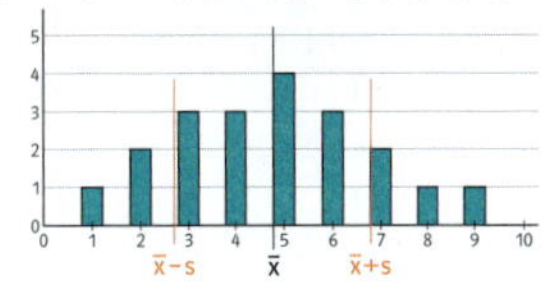

B: $[\bar{x} - s; \bar{x} + s] = [2,4; 7,1]$; 13 Werte

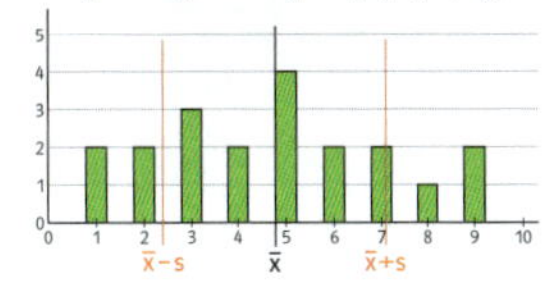

4) Der höhere Wert für die empirische Standardabweichung s bei B weist darauf hin, dass die Werte bei B breiter um das arithmetische Mittel $\bar{x}$ gestreut sind als bei A. Umgekehrt gilt, dass bei der Häufigkeitsverteilung A mehr Werte näher beim arithmetischen Mittel liegen als bei B.
Obwohl das Intervall $[\bar{x} - s; \bar{x} + s]$ bei A kleiner ist als bei B, liegen bei beiden Häufigkeitsverteilungen gleich viele Werte innerhalb des jeweiligen Intervalls.

264 1) $\bar{x}$ = **50**
2) $[\bar{x} - s; \bar{x} + s] = [49,5; 50,5]$
In diesem Intervall liegen die Massen von 70 Semmeln. Es liegen 70 % der Massen der Semmeln in diesem Intervall, das ist der einfache Streuungsbereich.

265 ☒
☒
☒
☐
☐

266 1) 1. Schularbeit: **1, 1, 1, 2, 2, 3, 3, 3, 3, 3, 4, 4, 5**
2. Schularbeit: **1, 1, 2, 2, 2, 3, 3, 3, 3, 4, 4, 4, 5**

2) 1. Schularbeit:

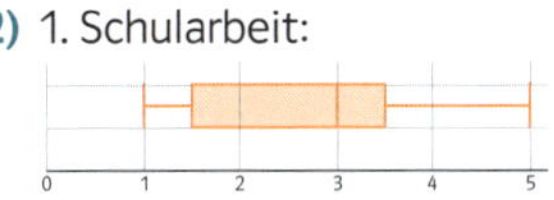

2. Schularbeit:

3) ☐
☒
☐
☒
☒

4)

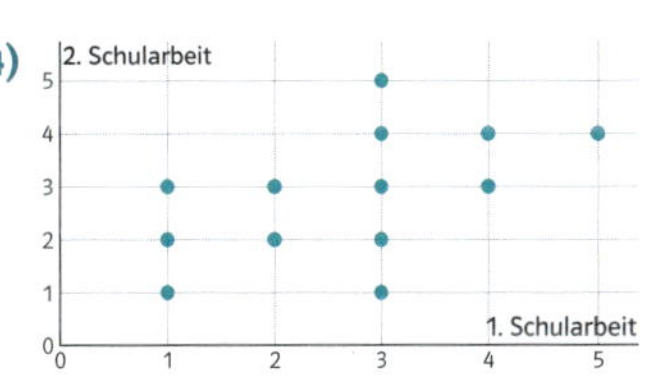

5) ☒
☒
☒
☐
☒

Abschlussrätsel

267

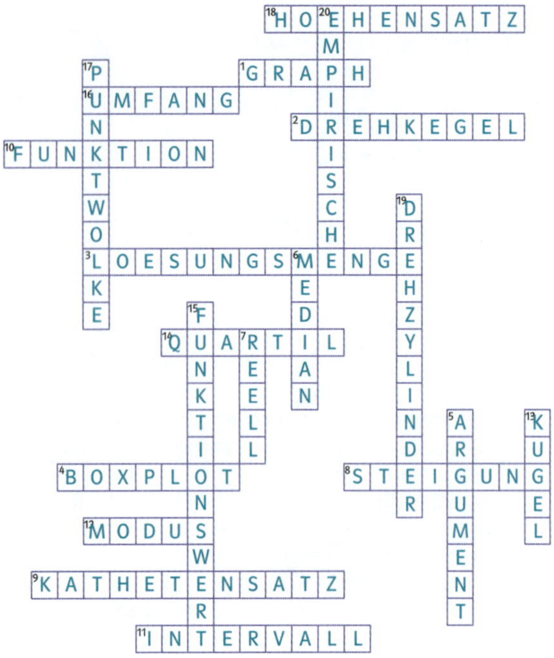

D O I **141** Die Besitzerin eines Fahrradverleihs überlegt die Anschaffung eines Mountainbikes um 1800 €. Bei diesem muss sie pro Jahr einen Wertverlust von 200 € kalkulieren. Beim Kauf eines Cityrads um 800 € ist der Wertverlust 70 € pro Jahr.

1) Gib an, welche Bedeutung der Schnittpunkt S der Graphen der beiden Funktionen f mit $f(x) = -200x + 1800$ und g mit $g(x) = -70x + 800$ im gegebenen Situationszusammenhang hat, und berechne dessen Koordinaten! Runde auf Zehntel!

$S \approx (\quad | \quad)$

2) Ermittle die Lösung grafisch, indem du die beiden Funktionen als Graphen in ein Koordinatensystem einzeichnest und die Koordinaten des Schnittpunkts S abliest! Beschrifte und skaliere die Achsen!

$S \approx (\quad | \quad)$

D O I **142** Ein gewisser Stromtarif A setzt sich folgendermaßen zusammen: Es muss ein Grundpreis von 20 € sowie für jede verbrauchte Kilowattstunde 0,19 € bezahlt werden.

1) Erstelle eine Tabelle zum Tarif A für die Kosten K_1 ausgehend von einem monatlichen Verbrauch x von 0 bis 600 kWh!

x				
$K_1(x)$				

2) Gib eine Termdarstellung der Funktion K_1 an!

3) Stelle den Graphen der Funktion K_1 im nebenstehenden Koordinatensystem dar!

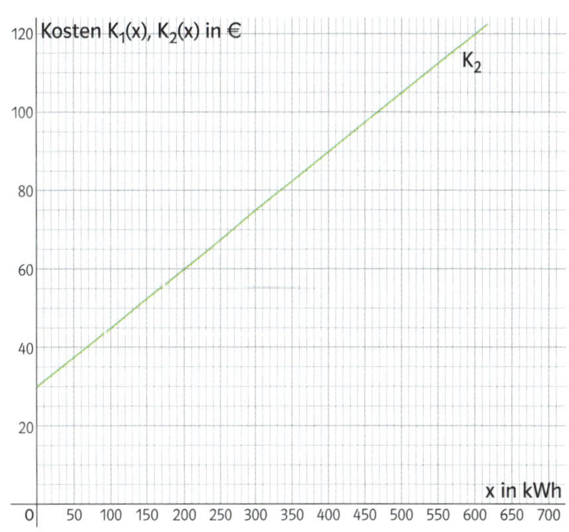

4) Welcher Strompreis (Tarif A) ist bei einem Verbrauch von 480 kWh zu begleichen?

5) Der Kunde hat 75 € für Strom (Tarif A) bezahlt. Gib an, wie hoch der Verbrauch gewesen ist!

6) Im Koordinatensystem sind die Kosten $K_2(x)$ zu einem zweiten Stromtarif B dargestellt. Sind die folgenden Aussagen richtig oder falsch? Kreuze an!

	richtig	falsch
Verbraucht man keinen Strom, fallen keine Kosten an.	☐	☐
Tarif A ist immer günstiger.	☐	☐
Bei 300 kWh Verbrauch sind beide Tarife gleich teuer.	☐	☐
Ab einem Verbrauch von 250 kWh ist Tarif B günstiger.	☐	☐
Bei einem Verbrauch von 120 kWh sind die Kosten bei Tarif B 600 €.	☐	☐

7) Gib eine Termdarstellung der Funktion K_2 an!

5 Die pythagoräische Satzgruppe

D I **143** Vervollständige die Tabelle!

a) 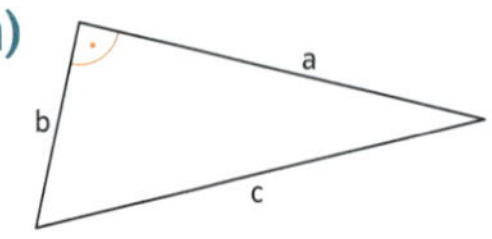

b) 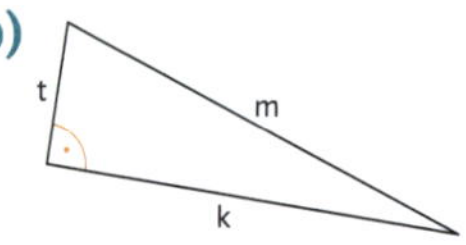

c) 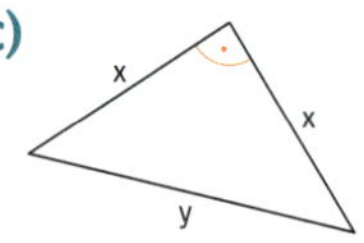

	a)	b)	c)
Hypotenuse			y
Katheten			
Flächeninhalt A		$A = \frac{k \cdot t}{2}$	
Umfang u			
Hypotenusenlänge			
Kathetenlängen	$a = \sqrt{c^2 - b^2}$		

O I **144** Berechne die nicht gegebene Länge der dritten Dreiecksseite!

a) 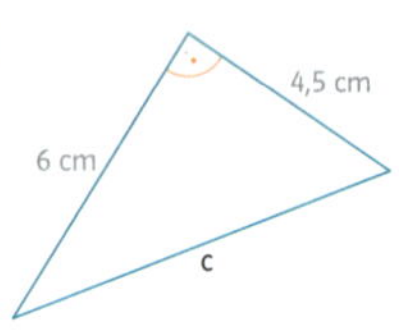

$c =$ ________ cm

b) 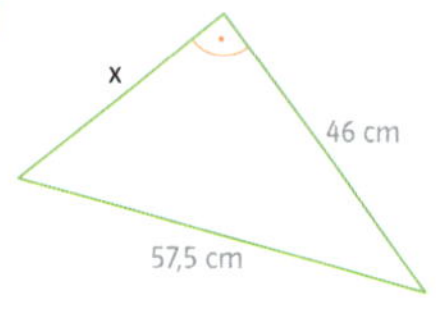

$x =$ ________ cm

c) 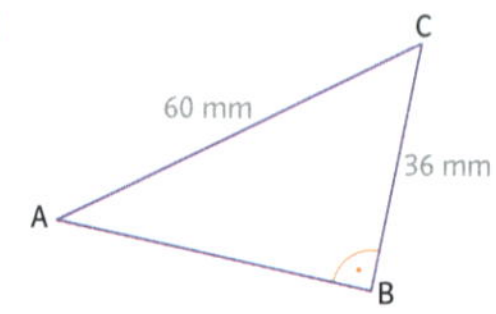

$\overline{AB} =$ ________ cm

O I **145** Welches durch seine Seitenlängen (in cm) gegebene Dreieck ist rechtwinkelig? Kreuze an!

☐ 12; 13; 18 ☐ 9; 12; 15 ☐ 2,4; 4,5; 5,1 ☐ 40; 36; 15 ☐ 0,15; 0,2; 0,25

D I **146** Bei den abgebildeten rechtwinkeligen Dreiecken fehlen der Flächeninhalt A und/oder Seitenlängen. Neben den Abbildungen findest du mögliche Lösungen. Ordne richtig zu! Drei Zahlen können nicht zugeordnet werden. Sie bilden ein pythagoräisches Tripel. Kontrolliere! (Maße in cm bzw. cm^2)

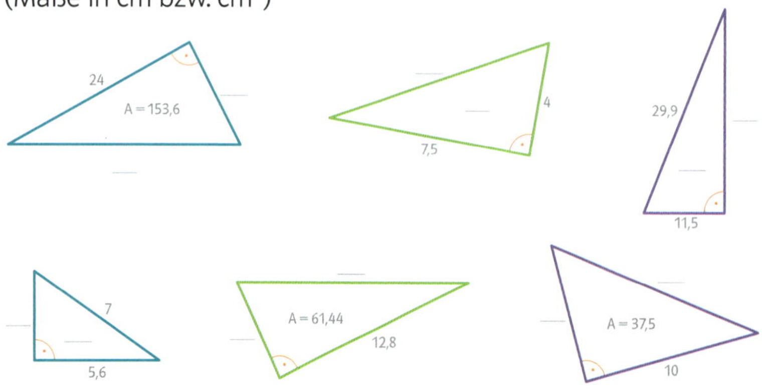

4,2 | 7,5 | 8,5
9,6 | 11,76 | 12,5
12,8 | 15 | 16
24 | 27,2 | 27,6
70 | 74 | 158,7

O A **147** Trotz der Bitte den Rasen nicht zu betreten, verlassen immer wieder Passanten Gehwege, um dadurch Weg und Zeit zu sparen (siehe Abbildung).

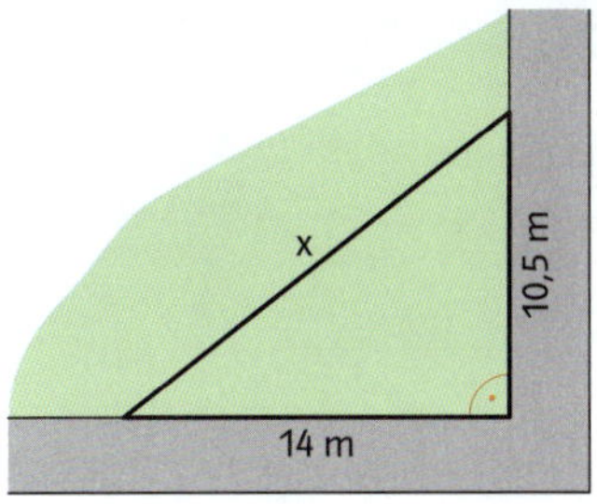

1) Um wie viel Meter kürzt man den Weg ab, wenn man durch die Wiese geht und die beiden anderen Dreiecksseiten 10,5 m bzw. 14 m lang sind?

$\sqrt{\_\_\_\_^2 + \_\_\_\_^2} = \_\_\_\_\_\_$ (m)

Ersparnis = ____________ (m)

Der direkte Weg durch die Wiese verkürzt die Wegstrecke um ________ m.

2) Marco sagt: „Wenn ich die Abkürzung über den Rasen nehme, spare ich fast 30 % an Weg und Zeit!" Hat Marco Recht? Berechne!

3) Was kann man über die Form des Dreiecks aussagen, wenn x = 20 m wäre? Begründe!

D O **148** Um einen 1 m über Straßenniveau liegenden Hauseingang für Menschen mit eingeschränkter Mobilität besser zugängig zu machen, wird eine Rampe gebaut (siehe Abbildung).
Die dafür vorgesehene Steigung beträgt 8 %.
Berechne die Streckenlängen x und y!

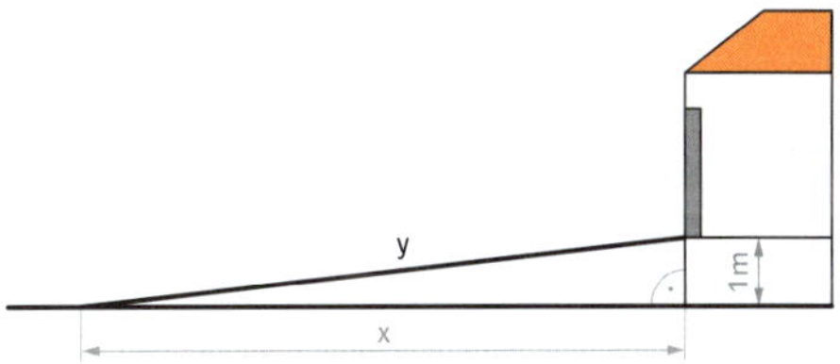

Hinweis: $8\,\% = \frac{8}{100} = \frac{\text{senkrechter Höhenunterschied}}{\text{waagrechte Entfernung}}$

$x : 1 = \_\_\_\_ : \_\_\_\_ \Rightarrow x = \_\_\_\_$ (m) $\qquad y = \sqrt{x^2 + 1^2} = \_\_\_\_\_\_\_\_$ (m)

Die waagrechte Entfernung x beträgt ____ m. Die Länge y der Rampe misst rund ____ m.

O A **149** Gegeben ist ein rechtwinkeliges Dreieck ABC mit $b = 7{,}2\,\text{cm}$, $c = 9\,\text{cm}$, $\gamma = 90°$ (siehe Abbildung).

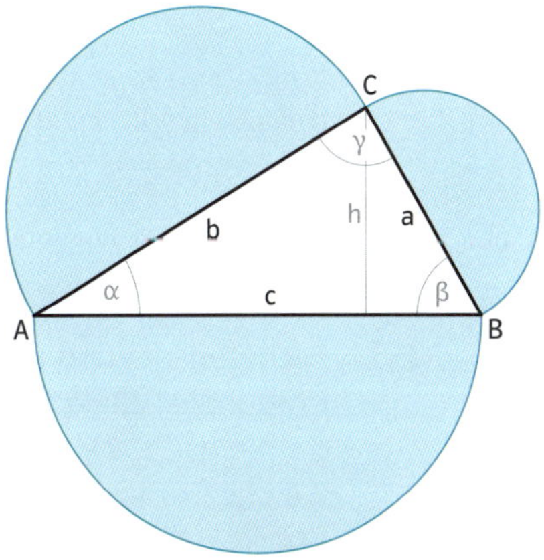

1) Wie groß ist der Flächeninhalt A des Dreiecks?

2) Berechne die Höhe h!

3) Pia behauptet: „Die Summe der Inhalte der Halbkreisflächen über den Katheten entspricht dem Halbkreisflächeninhalt über der Hypotenuse." Hat Pia Recht? Begründe die Antwort!

O **150** Vervollständige mit Hilfe des Höhen- und Kathetensatzes die Tabelle! Beachte die Abbildung!

	a	b	c	p	q	h
a)				10 cm	22,5 cm	
b)	6 m			4 m		
c)			175 cm		84 cm	
d)				50 mm		120 mm

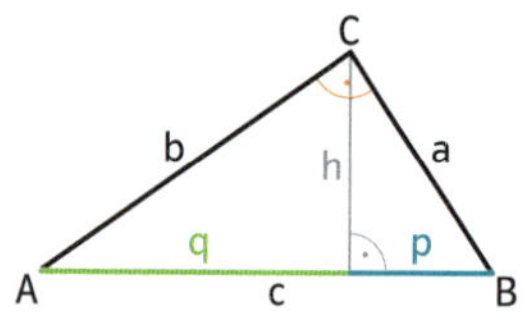

O **151** Gegeben ist ein Dreieck ABC mit $\overline{BC} = 10$ cm und mit $\overline{BD} = 8$ cm. Berechne **1)** die Länge der Strecke x, **2)** den Umfang u, **3)** den Flächeninhalt A!

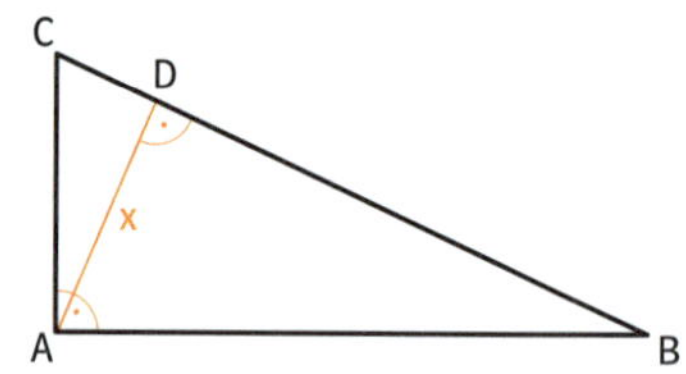

1) Im Dreieck ABC ist BC = a die …………………… .

Die Strecke BD = q ist ein …………………… .

Im Dreieck ABC ist x die …………………… auf die Seite …………………… .

Die Länge x lässt sich mit dem …………………… berechnen.

$x^2 = \overline{BD} \cdot$ …… $x = \sqrt{\overline{BD} \cdot \text{……}} = \sqrt{\text{……} \cdot \text{……}} =$ …… (cm)

2) Im Dreieck ABC ist AB = c eine ……………………

Die Seitenlänge c lässt sich mit dem …………………… berechnen.

$c^2 = \overline{BC} \cdot$ …… $c = \sqrt{\overline{BC} \cdot \text{……}} = \sqrt{\text{……} \cdot \text{……}} =$ …… $\approx$ …… (cm)

Zur Berechnung von $\overline{AC} = b$ gibt es verschiedene Möglichkeiten. Wähle eine Methode aus!

b = ……………………

$u = \overline{AB} + \overline{BC} + \overline{AC} =$ …… + …… + …… = …………… $\approx$ …………… (cm)

3) A = …………………… cm^2

D O **152** Einem Quadrat ABCD ist ein Rechteck eingeschrieben (siehe Abbildung). Berechne den Flächeninhalt A des Quadrats!

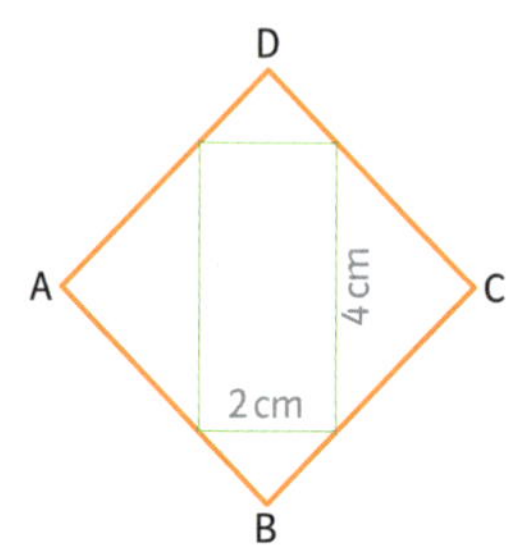

D O I **153** Kathetensatz und Höhensatz lassen sich zum Veranschaulichen irrationaler Zahlen nutzen. So ist in der nebenstehenden Abbildung $c = p + q = 3$, $a = \sqrt{c \cdot p} = \sqrt{6}$, $b = \sqrt{c \cdot q} = \sqrt{3}$ und $h = \sqrt{p \cdot q} = \sqrt{2}$. Welche irrationalen Zahlen kannst du auf diese Art der untenstehenden Abbildung entnehmen? Trage diese in die Figur ein!

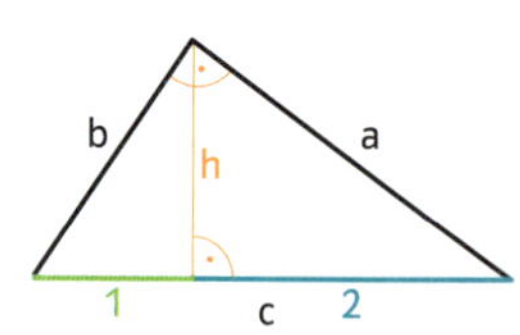

a)

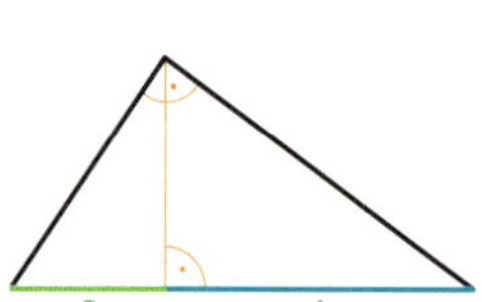

b)

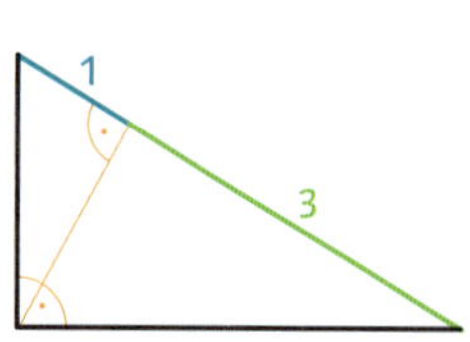

c)

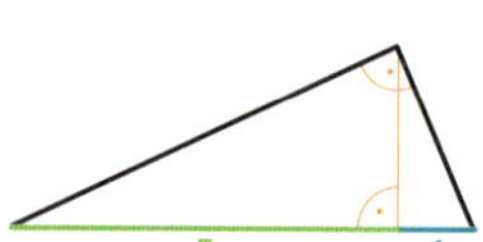

D O **154** Von einem Rechteck kennt man die Diagonalenlänge $d = 15\,cm$ und die Breite $b = 9\,cm$. Wie ändert sich die Diagonalenlänge, wenn man Länge und Breite des Rechtecks jeweils um 1 cm vergrößert?

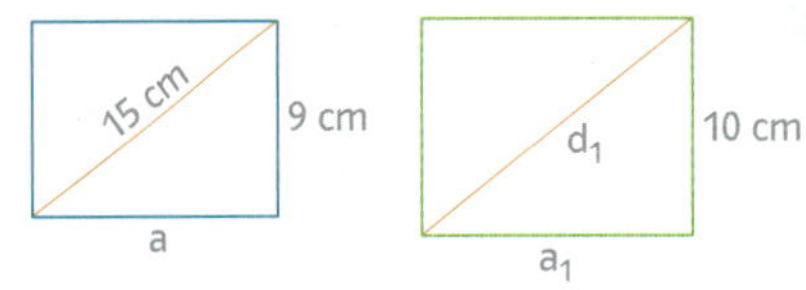

O **155** Vervollständige die Tabelle! Beachte die Abbildung! Runde sinnvoll!

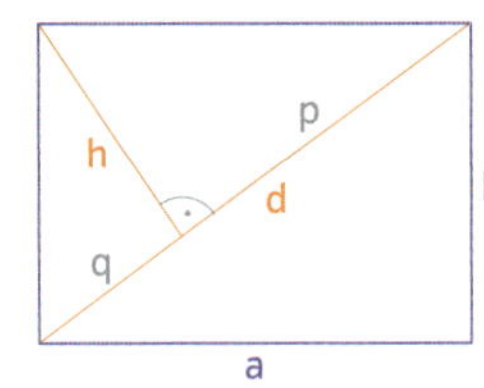

	a)	b)	c)	d)	e)
a			1,5 m		
b				175 mm	
p	20 mm		1,125 m		
q	5 mm	5 cm		20 mm	6 cm
d					39 cm
h		12 cm			

D O A **156** Ein Ornament besteht aus zwei übereinander liegenden Quadraten ABCD und EFGH (siehe Abbildung).

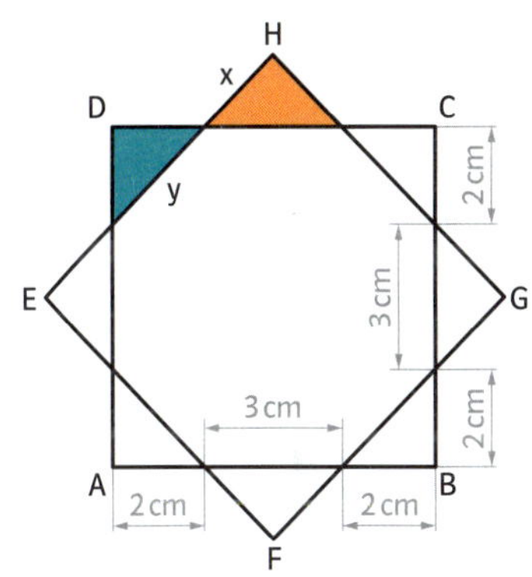

1) Wie lang ist die Diagonale d des Quadrats ABCD?

2) Zeige, dass das orange und das blaue Dreieck unterschiedliche Flächeninhalte haben, dh. $A_{orange} \neq A_{blau}$!

3) Berechne mit Hilfe der Streckenlänge $\overline{EH}$ den Flächeninhalt des Quadrats EFGH!

4) Wie lang ist die Strecke EG?

D **157** Einem Quadrat ABCD wird ein blaues „T" eingeschrieben (siehe Abbildung). Dabei ist $\overline{AF} = \sqrt{x^2 + (2x)^2} = \sqrt{5x^2} = x\sqrt{5}$. Stelle die weiteren Streckenlängen ebenfalls in Form je eines Terms dar!

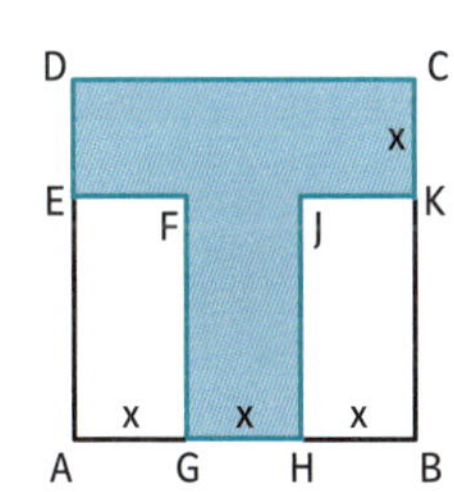

$\overline{AC} =$ ____________ $\overline{EC} =$ ____________

$\overline{AJ} =$ ____________ $\overline{FC} =$ ____________

$\overline{AK} =$ ____________ $\overline{JC} =$ ____________

O **158** Ein Tapetenmuster besteht aus kongruenten gleichseitigen Dreiecken.

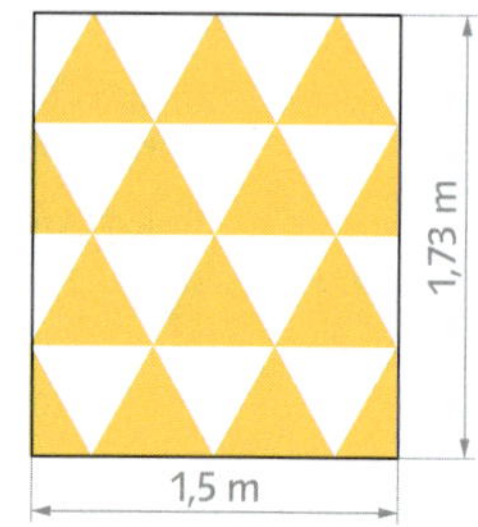

a) Sarah und Anna sollen den Flächeninhalt eines Dreiecks berechnen. Sarah ermittelt dabei zuerst den Flächeninhalt des Rechtecks und dividiert diesen danach durch die Anzahl der Dreiecke. Anna dividiert die Breite des Rechtecks durch die Anzahl der Dreiecksreihen. Mit der so ermittelten Dreieckshöhe und der Seitenlänge eines Dreiecks berechnet Anna den Flächeninhalt eines Dreiecks.

b) Tom und Philipp sollen die Anzahl der Dreiecke ermitteln, die sich am unteren Rand einer 12 m langen Wand befinden. Tom ermittelt zuerst die Seitenlänge eines Dreiecks und damit die Anzahl der Dreiecke. Philipp verwendet die Proportion $1{,}5 : 3 = 12 : x$.

Führe beide Wege durch und überprüfe, ob sie zum gleichen Ergebnis führen!

a) **b)**

O A **159** Familie Bayer ist auf der Suche nach einem Klapptisch. Um diesen im Auto transportieren zu können dürfen die zusammengeklappten Tischbeine nicht länger als 1 m sein. Kommt der abgebildete Tisch infrage? Begründe mittels geeigneter Berechnung!

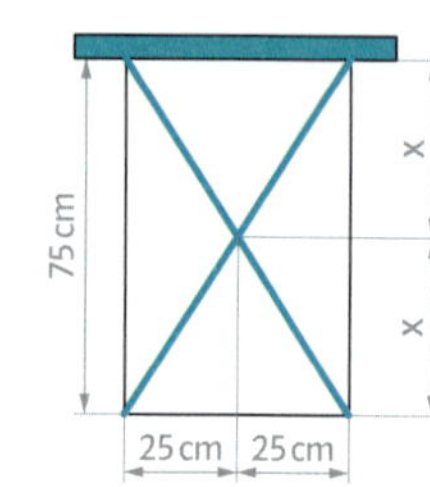

I **160** Welche Gleichung(en) trifft (treffen) für das allgemeine Dreieck zu? Kreuze an!

a)

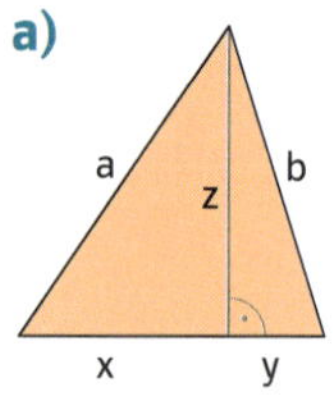

- ☐ $x^2 + z^2 = a^2$
- ☐ $b = \sqrt{z^2 + y^2}$
- ☐ $a = \sqrt{z^2} + \sqrt{x}$
- ☐ $b^2 - y^2 = z^2$

b)

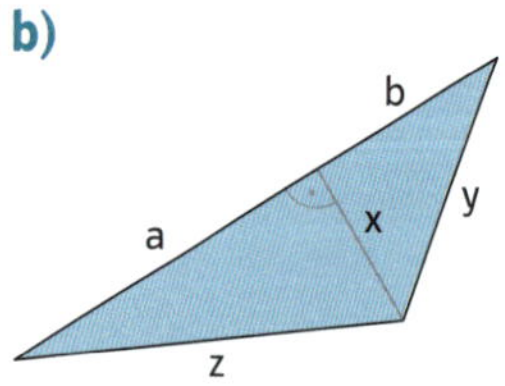

- ☐ $z^2 = a^2 + x^2$
- ☐ $y^2 = x^2 + b^2$
- ☐ $a = \sqrt{z^2 - x^2}$
- ☐ $b = y - x$

c)

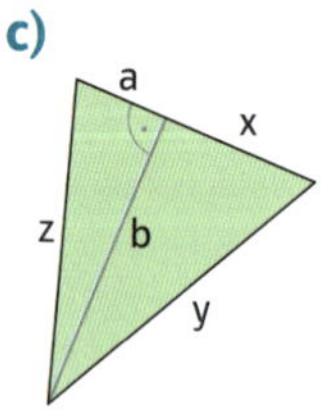

- ☐ $b^2 + x^2 = z^2$
- ☐ $b^2 + x^2 = y^2$
- ☐ $(a + x)^2 = y^2 + z$
- ☐ $\sqrt{z^2 - a^2} = b^2$

d)

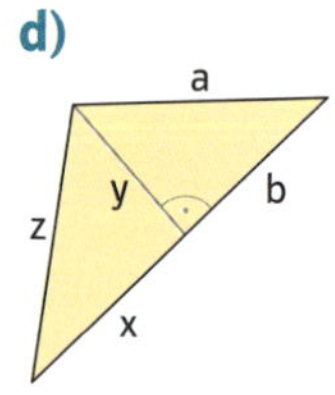

- ☐ $y^2 = a^2 - b^2$
- ☐ $z = x + y$
- ☐ $\sqrt{y + b} = a$
- ☐ $y^2 = z^2 - x^2$

D O **161** Einem regelmäßigen Sechseck mit der Seitenlänge 3 cm wird ein Rechteck wie in nebenstehender Abbildung umgeschrieben.

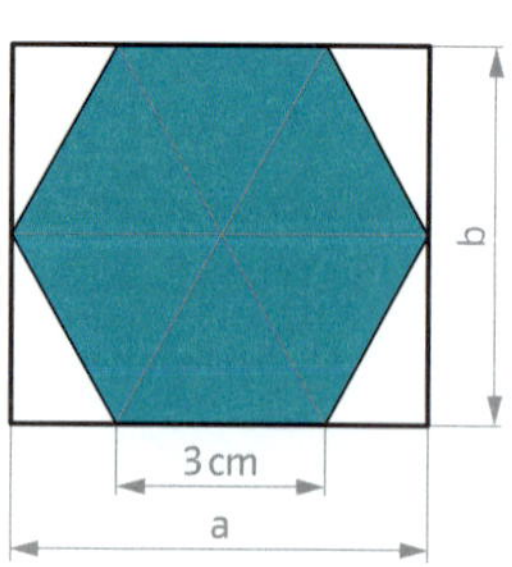

1) Berechne die Länge a und die Breite b des Rechtecks!

a = ________ cm, b ≈ ________ cm

2) Wie groß ist der relative Anteil p der weißen Fläche an der Rechtecksfläche?

O **162** Vervollständige die Tabelle! Beachte die Abbildung! Runde sinnvoll!

	a	b	h_a	h_b	e	f	A
a)	8,6 cm	4,1 cm	3,3 cm				
b)		41 mm	26 mm		68 mm		
c)	3,9 cm			3,1 cm			5,85 cm²
d)		54 mm	35 mm			62 mm	

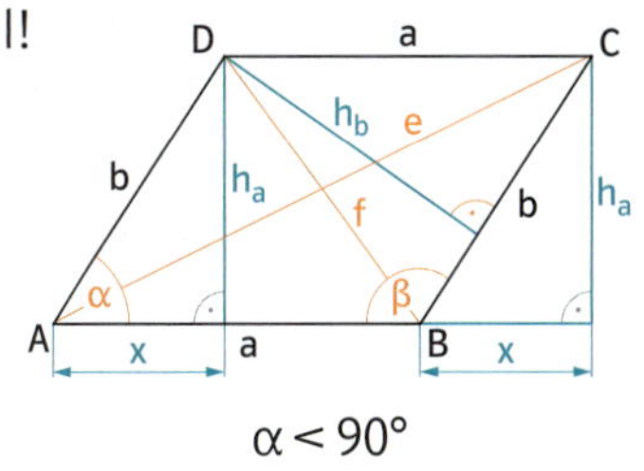

O **163** Auf einem rechteckigen 12 m langen und 4,8 m breiten Parkstreifen werden Linien zur Kennzeichnung von vier gleich großen Parkplätzen in Form von Parallelogrammen angebracht (siehe Abbildung).

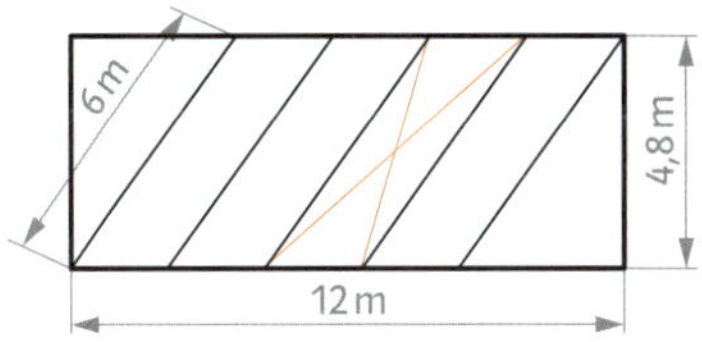

1) Wie groß ist die Parkfläche für ein Fahrzeug?

Ein Parkplatz hat einen Flächeninhalt von ________ m².

2) Eine der eingezeichneten Flächen steht nicht als Parkplatz zur Verfügung und wird mit orangen Linien gekennzeichnet. Wie lang sind diese beiden orangen Markierungen?

Die beiden orangen Markierungen haben Längen von rund ________ m und ________ m.

O **164** Die Abbildung zeigt einen Rhombus ABCD. Das blaue Dreieck hat denselben Flächeninhalt wie das orange Parallelogramm.

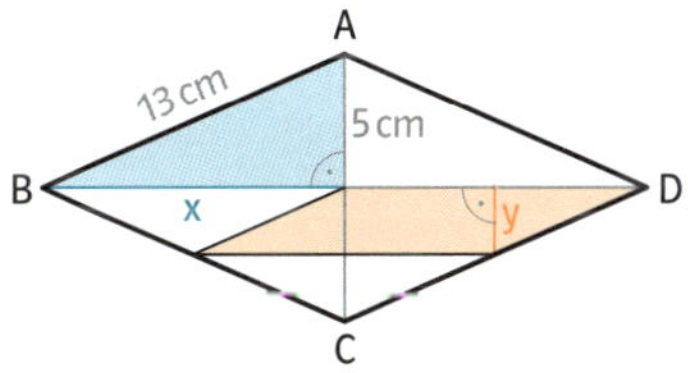

1) Berechne die Streckenlängen x und y!

2) Wie groß ist der Inhalt A der weißen Restfläche?

O A **165** Ein Rhombus mit den Diagonalenlängen e = 12 cm und f = 9 cm hat den gleichen Umfang u wie ein Quadrat.

1) Überprüfe durch Berechnung, ob die beiden Vierecke auch den gleichen Flächeninhalt haben!

2) Wie lang ist die Diagonale d des Quadrats?

O **166** Gegeben ist ein rechtwinkeliges Trapez ABCD mit einem Flächeninhalt $A = 26\,cm^2$ sowie den Längen $\overline{AE} = 3\,cm$ und $\overline{AB} = 8\,cm$.
Berechne die Längen der Strecken DC, ED, AD, AC, BD!

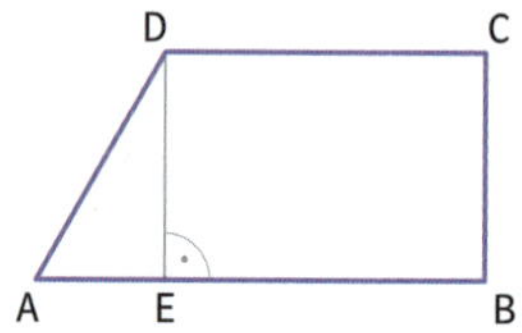

$\overline{DC} =$ ______ − ______ = ______ − ______ = ______ (cm)

$A = \frac{(\overline{AB} + \overline{DC}) \cdot \overline{ED}}{2} \Rightarrow \overline{ED} = \frac{2 \cdot \_\_\_}{(\_\_\_ + \_\_\_)} = \frac{2 \cdot 26}{(\_\_\_ + \_\_\_)} =$ ______ (cm)

$\overline{AD} =$

$\overline{AC} =$

$\overline{BD} =$

D O **167** Die Strecke EF teilt ein rechteckiges Grundstück ABCD. Dabei ist $\overline{EF} = 40\,m$. Die Fläche EBCF wird zum Kauf angeboten.

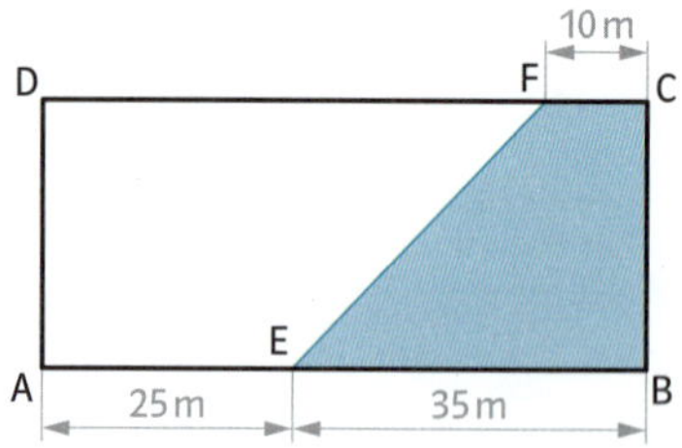

1) Wie viel Quadratmeter hat die Restfläche AEFD?

2) Wie viel verdient der Grundstücksbesitzer am Verkauf, wenn er $1\,m^2$ der Fläche um 120 € verkaufen kann?

D O **168** Das Fünfeck ABCED besteht aus einem gleichschenkeligen Trapez ABCD und einem gleichseitigen Dreieck DCE (siehe Abbildung). Für das Trapez gilt: $\overline{AB} = 3\,cm$, $\overline{AC} = 5\,cm$, $h = 3\,cm$. Berechne den Flächeninhalt A des Fünfecks!

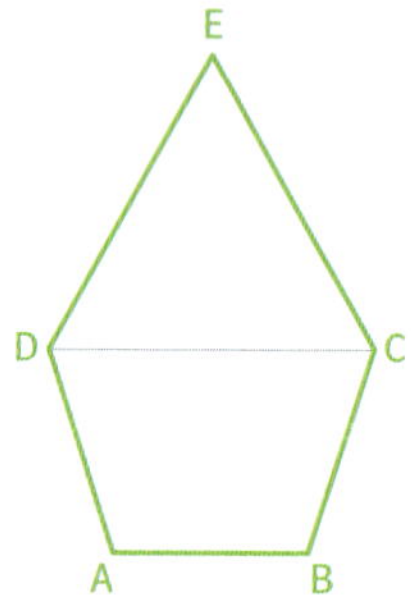

$A \approx$ ______ cm^2

D O **169** Eine Schmuckspange besteht aus zwei kongruenten blauen Quadraten und zwei kongruenten orangen Deltoiden mit $a = \sqrt{2}\,cm$.

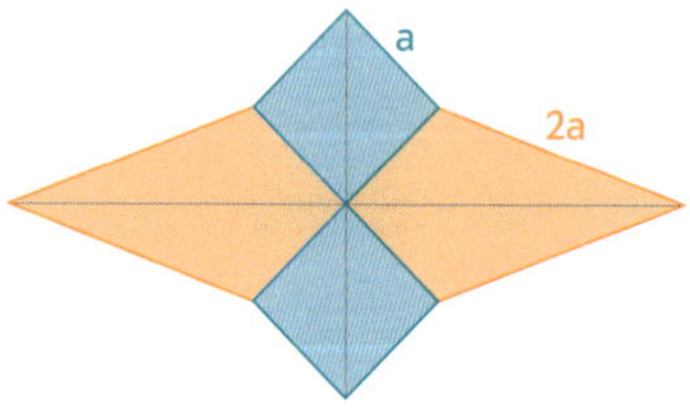

1) Berechne die Länge d der Diagonalen des Quadrats sowie die Längen e und f der Diagonalen des Deltoids!

$d =$ ______ cm $e \approx$ ______ cm $f =$ ______ cm

2) Berechne den Flächeninhalt A_Q eines Quadrats, den Flächeninhalt A_D eines Deltoids sowie den Flächeninhalt A der Schmuckspange!

$A_Q =$ ______ cm^2 $A_D \approx$ ______ cm^2 $A \approx$ ______ cm^2

D O I **170** Zur Herstellung eines Würfels wird eine quadratische Metallplatte mit einer Seitenlänge von 1m verwendet. Die Darstellungen zeigen unterschiedliche Möglichkeiten, wie ein Würfelnetz auf der Metallplatte platziert werden kann.

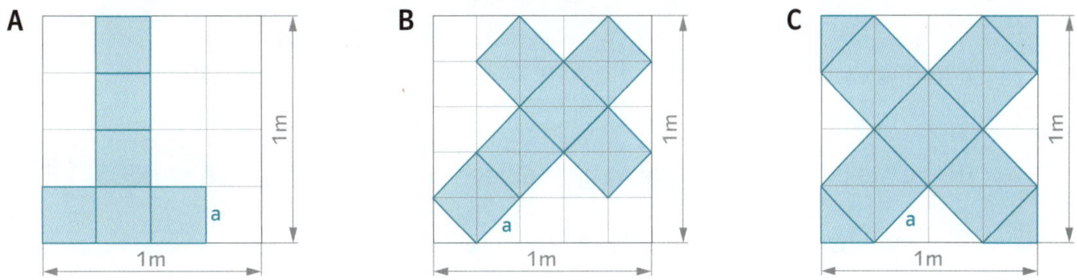

1) Bei welchem Netz ist das Volumen des Würfels am größten? Kreuze an!

☐ A ☐ B ☐ C

2) Vervollständige die Tabelle! Beachte dabei die unterschiedlichen Gittereinteilungen!

	Würfel A	Würfel B	Würfel C
Seitenlänge a	25 cm		
Volumen V			
Flächendiagonalenlänge d_1		40 cm	
Raumdiagonalenlänge d			
Abfall (in %)			25 %

O **171** Vervollständige die Tabelle! Beachte die Abbildung des Quaders!

	a)	b)	c)	d)	e)
a	5 cm		7 cm		
b	1 cm			15 mm	4 cm
h	2 cm	9 cm	12 cm		
d_1				17 mm	7,2 cm
d_2					
d_3		14 cm		25 mm	
d		23 cm			7,8 cm
V			252 cm^3		

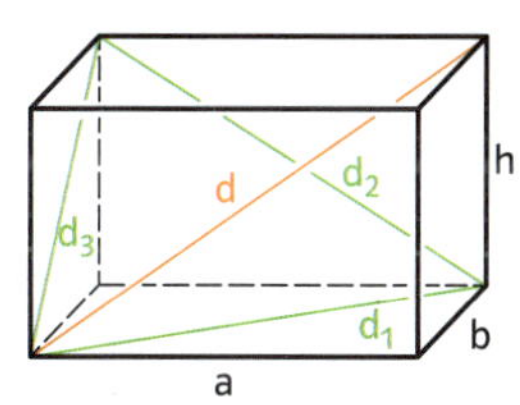

O **172** Das neue Haus von Familie Cirkel hat eine Garage.

1) Wie groß ist der darin zur Verfügung stehende Raum?

2) Wie groß ist der Inhalt der Dachfläche?

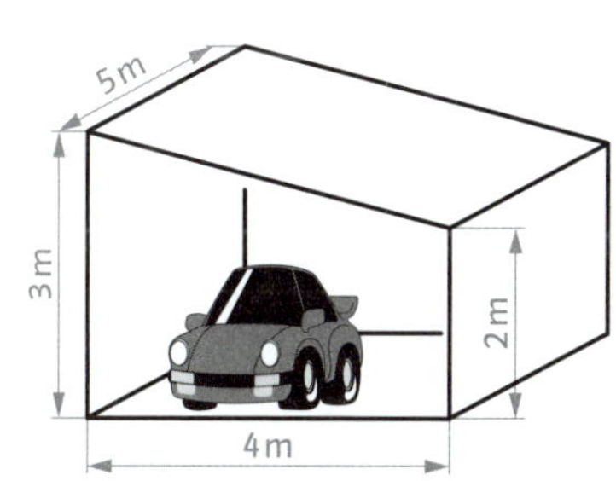

O A **173** Benni hat während der Sprachwoche in England ein Plakat seiner Lieblingsband gekauft. Kann er das zusammengerollte 60 cm lange Plakat in seinen Trolley (30 cm × 22 cm × 50 cm) packen?

Die längste Diagonale des Koffers misst rund ________ cm, daher ________.

O **174** Betrachte den Schrägriss der regelmäßigen vierseitigen Pyramide ABCDS!

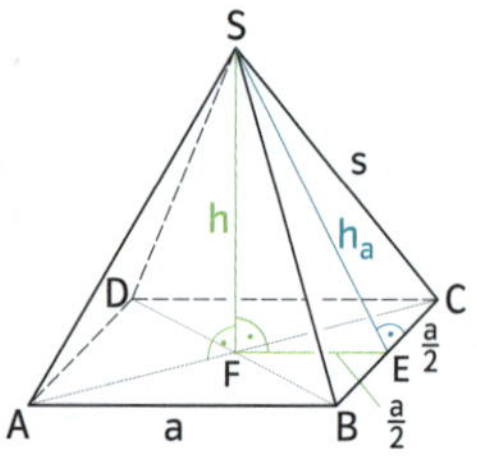

1) Nenne darin möglichst viele rechtwinkelige Dreiecke!

Dreieck AFS, Dreieck ________, ________

2) Formuliere für jedes angegebene Dreieck den pythagoräischen Lehrsatz!

Dreieck AFS: s = ________, h = ________, $\frac{d}{2}$ = ________

Dreieck FES: h_a = ________, h = ________, $\frac{a}{2}$ = ________

Dreieck ECS: s = ________, h_a = ________, $\frac{a}{2}$ = ________

O **175** Von einer regelmäßigen vierseitigen Pyramide kennt man zwei der Bestimmungsstücke a, s, h, h_a, O und V. Vervollständige die Tabelle! Verwende dazu auch Aufgabe 174!

	a	s	h	h_a	O	V
a)	5 cm			6,5 cm		
b)	50 mm	69 mm				
c)			7,2 m			75 264 dm^3
d)	4 cm				36 cm^2	

D O **176** Einem Würfel mit der Kantenlänge a = 3 cm wird eine regelmäßige quadratische 3 cm hohe Pyramide aufgesetzt.

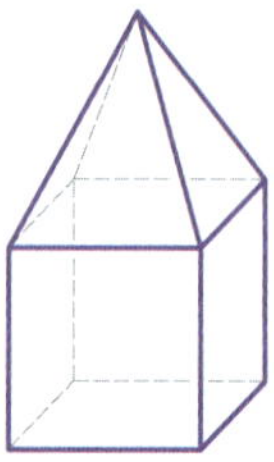

1) Gib eine möglichst einfache Formel für das Gesamtvolumen V des Körpers an und berechne damit V!

Formel: V = ________

Rechnung: V = ________ = ________ (cm^3)

2) Berechne den Oberflächeninhalt O des zusammengesetzten Körpers!

O ≈ ________ cm^2

3) Berechne die Längen d_1 der Flächendiagonalen und d der Raumdiagonalen des Würfels!

d_1 ≈ ________ cm d ≈ ________ cm

4) Berechne die Masse m des Gesamtkörpers, wenn er aus Gold (ϱ = 19,3 g/cm^3) besteht!

m = ________ kg

O **177** Christines kleiner Bruder bekommt Spielzeug geschenkt. Verpackt ist dieses in einem Tetraeder mit einer Kantenlänge $a = 13\,cm$.

1) Berechne den Rauminhalt V der Verpackung!

2) Wie viel Material wird für die Herstellung benötigt? Rechne 20 % für Überlappung und Verschnitt dazu!

D O I **178** Eine regelmäßige vierseitige Pyramide **A** hat die Grundkantenlänge $a = 40\,cm$ und die Seitenkantenlänge $s = 75{,}5\,cm$.

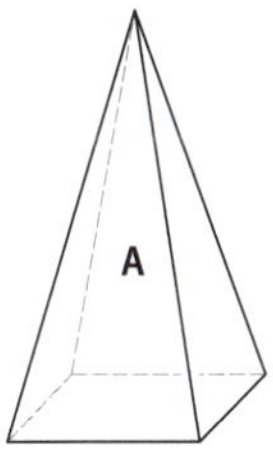

1) Berechne die Höhe h der Pyramide!

2) Durch einen Körperschnitt parallel zur Grundfläche wird die Pyramide **A** in zwei gleich hohe Teilkörper, dh. in eine blaue Pyramide **B** und einen orangen Pyramidenstumpf **C**, geteilt.

Welche Aussage ist korrekt? Kreuze an!

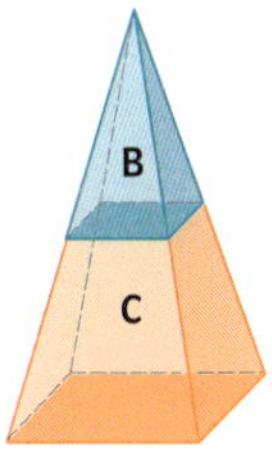

- ☐ Pyramide **B** und Pyramidenstumpf **C** haben gleiches Volumen.
- ☐ Die Grundkante von Pyramide **B** misst 20 cm.
- ☐ Führt man bei Pyramide **A** und Pyramide **B** einen Diagonalschnitt durch, so erhält man als Schnittflächen zwei zueinander ähnliche gleichschenkelige Dreiecke.
- ☐ Der Pyramidenstumpf **C** ist ein Prisma.
- ☐ Die Seitenkantenlänge der Pyramide **B** ist halb so lang wie die der Pyramide **A**.

D I A **179** **1)** Beschreibe die beiden Abbildungen A und B eines Beweises aus China!

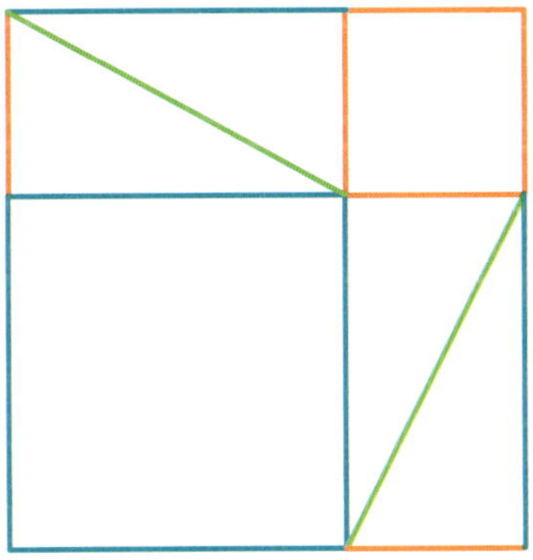
A

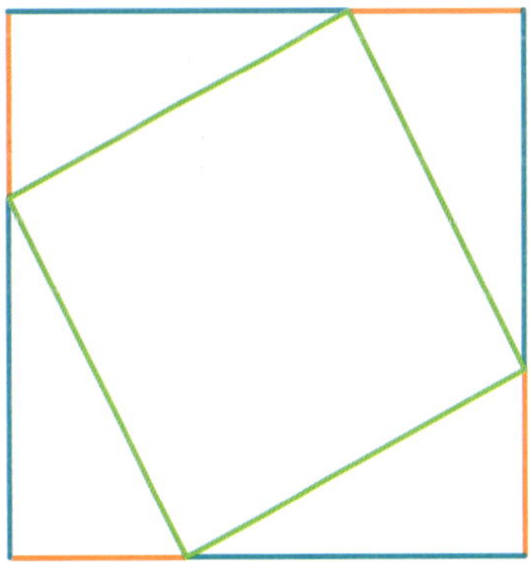
B

2) Setze die Beweisführung fort!

Die Abbildungen A und B zeigen kongruente Quadrate. In jedem Quadrat befinden sich vier identische rechtwinkelige Dreiecke. Entfernt man diese Dreiecke, so muss in beiden Quadraten eine gleich große „Restfläche" verbleiben. Wenn man die orange Strecke mit a, die blaue …

6 Die Kreiszahl π

I **180** Ordne den jeweils färbig markierten Kreisteilen die nachstehenden Begriffe korrekt zu!

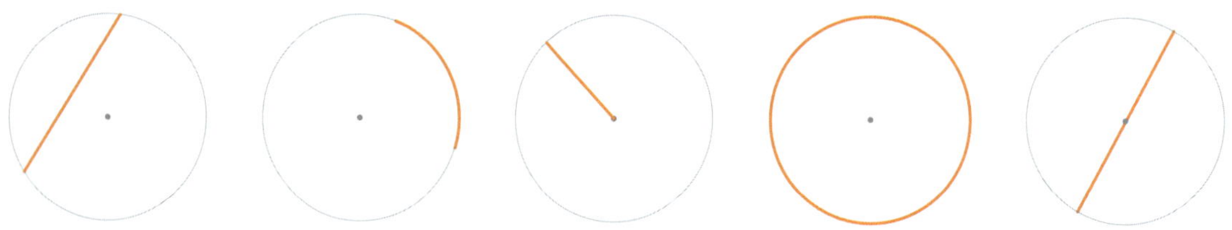

A: ____________ B: ____________ C: ____________ D: ____________ E: ____________

Radius *Umfang* *Kreissehne* *Durchmesser (längste Kreissehne)* *Kreisbogen*

O A **181** Gegeben sind gemessener Durchmesser und Umfang von fünf Kreisen. Berechne den Faktor, mit dem man den Durchmesser multiplizieren muss, damit man den Umfang erhält, und trage ihn in die Tabelle ein! (Runde auf drei Nachkommastellen!) Was fällt auf?

	Kreis 1	Kreis 2	Kreis 3	Kreis 4	Kreis 5
Durchmesser	5,8 cm	9 dm	0,121 m	72 mm	8,46 km
Faktor					
Umfang	18,2 cm	28,3 dm	0,380 m	226 mm	26,58 km

O A **182** Gegeben sind gemessener Radius und Umfang von fünf Kreisen. Berechne den Faktor, mit dem man den Radius multiplizieren muss, damit man den Umfang erhält, und trage ihn in die Tabelle ein! (Runde auf drei Nachkommastellen!) Was fällt auf?

	Kreis 1	Kreis 2	Kreis 3	Kreis 4	Kreis 5
Radius	22 mm	1,77 dm	2,04 km	3,8 cm	0,59 dm
Faktor					
Umfang	138 mm	11,12 dm	12,82 km	23,9 cm	3,71 dm

D O **183** Einem Kreis mit dem Radius 5 cm wird wie in nebenstehender Abbildung ein Quadrat umgeschrieben und ein Quadrat eingeschrieben.

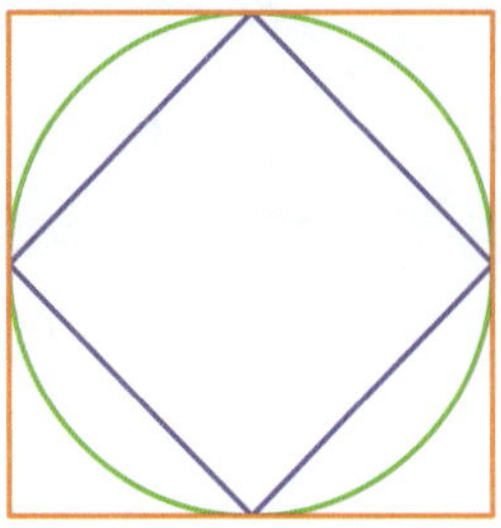

1) Berechne den Umfang u_1 des umgeschriebenen Quadrats!

2) Berechne den Umfang u_2 des eingeschriebenen Quadrats!

3) Stelle mit Hilfe der beiden Schrankenmaße u_1 und u_2 eine Ungleichungskette für den Umfang u des Kreises auf!

______ < u < ______

O **184** Vervollständige die Tabelle! Runde gegebenenfalls auf zwei Nachkommastellen!

	Kreis 1	Kreis 2	Kreis 3	Kreis 4	Kreis 5
Radius	8 cm				1,07 km
Durchmesser			6,2 dm		
Umfang		31,41 m		87 mm	

O **185** Eine Vinyl-Schallplatte hat einen Durchmesser von 30 cm.

1) Berechne den Umfang u einer solchen Schallplatte!

2) Eine Schallplatte mit diesem Durchmesser wird meist mit der Geschwindigkeit $33\frac{1}{3}$ Umdrehungen pro Minute abgespielt.
Wie viel Zentimeter legt die Abtastnadel in einer Sekunde zurück, wenn sie am äußersten Rand der Schallplatte aufgesetzt wird? Runde das Ergebnis auf eine Nachkommastelle!

O **186** Ein kreisrundes Karussell in einem Freizeitpark hat einen Umfang von 42 Metern. Berechne den Radius r des Karussells! Runde das Ergebnis auf zwei Nachkommastellen!

O I **187** Berechne den Umfang u des abgebildeten Kreises! Runde auf zwei Nachkommastellen!

a)

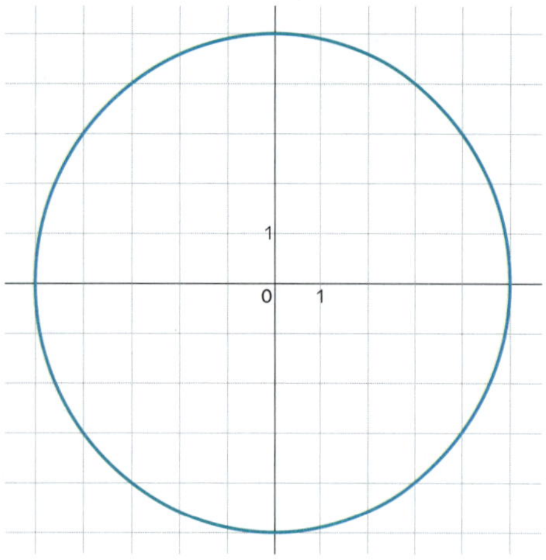

u ≈ ______

b)

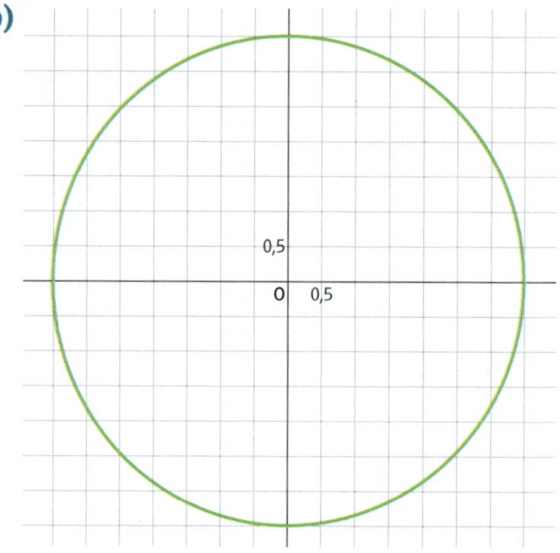

u ≈ ______

I **188** Was gibt der Term bezüglich eines Kreises an? Kreuze an!

a) $\frac{50}{2\pi}$

☐ Umfang, wenn Radius = 50
☐ Radius, wenn Umfang = 50
☐ Durchmesser, wenn Umfang = 50
☐ Umfang, wenn Durchmesser = 50

b) 24π

☐ Umfang, wenn Radius = 24
☐ Radius, wenn Umfang = 24
☐ Durchmesser, wenn Umfang = 24
☐ Umfang, wenn Durchmesser = 24

c) $\frac{19}{\pi}$

☐ Umfang, wenn Radius = 19
☐ Radius, wenn Umfang = 19
☐ Durchmesser, wenn Umfang = 19
☐ Umfang, wenn Durchmesser = 19

A **189** Christine behauptet, dass ein kreisrundes Bullauge auf einem Kreuzfahrtschiff einen Radius von 45 cm und einen Umfang von 2 m habe.

1) Kann diese Behauptung stimmen? Kreuze an! ☐ Ja. ☐ Nein.
2) Begründe die Antwort!

Begründung: ______

______

______

O A **190** Helmut behauptet, die nebenstehenden beiden Figuren hätten denselben Umfang.

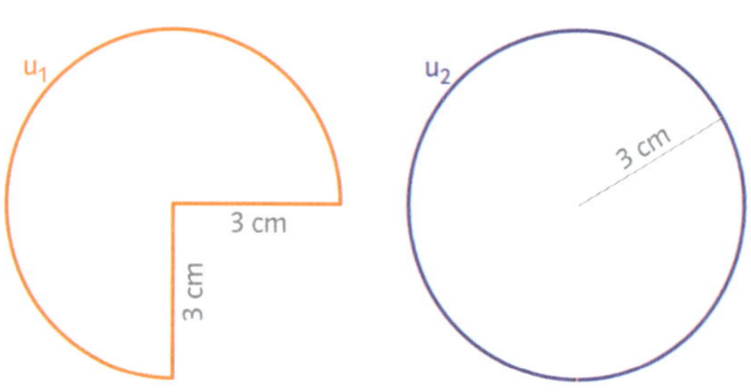

1) Kann diese Behauptung stimmen? Kreuze an! ☐ Ja. ☐ Nein.
2) Begründe die Antwort durch Berechnung der beiden Umfänge u_1 und u_2!

Begründung: $u_1 \approx$ ______

$u_2 \approx$ ______

O **191** In einem großen Park befindet sich ein kreisrunder Gehweg; der Durchmesser dieser Anlage beträgt 125 m. Berechne die Länge l der Wegstrecke (in Meter), wenn man

a) den halben Gehweg zurücklegt: ____________________

b) den Gehweg dreimal zurücklegt: ____________________

c) ein Viertel des Gehwegs zurücklegt: ____________________

d) ein Zehntel des Gehwegs zurücklegt: ____________________

O **192** Von einer fabrikneuen Kleberolle wird ein Streifen der Länge 4 cm abgerissen. Dies entspricht ziemlich genau einem Achtel des Umfangs der Kleberolle. Berechne den Durchmesser d der Rolle und runde dabei auf Millimeter!

O **193** Berechne die Länge b des Kreisbogens! Runde sinnvoll!

a)

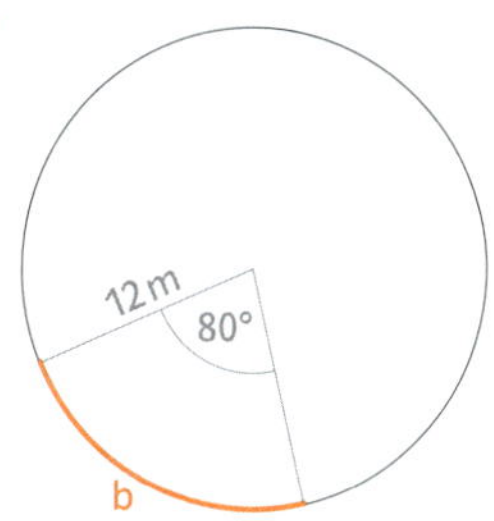

b)

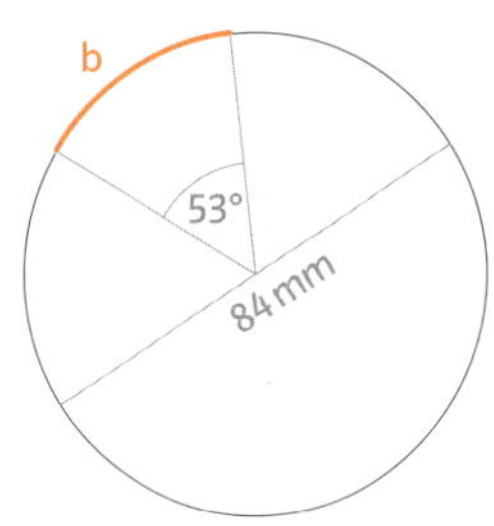

c)

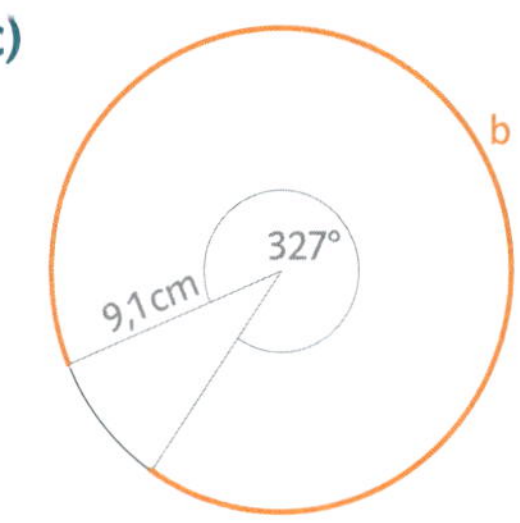

b ≈ __________ m

b ≈ __________ mm

b ≈ __________ cm

D O I **194** Die Erdkugel ($r \approx 6\,370$ km) wird in Längengrade und Breitengrade unterteilt. Dadurch lassen sich Koordinaten von Städten sehr genau angeben.

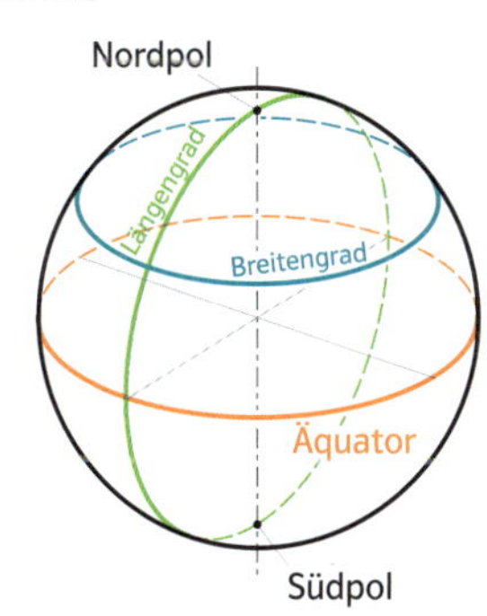

a) Die Städte Berlin und Rom liegen annähernd auf demselben Längengrad, die Breitengrade haben eine Differenz von ca. 10°. Berechne die Entfernung Berlin – Rom! Runde sinnvoll!

b) Die Städte Berlin und Dublin liegen annähernd auf demselben Breitengrad, die Längengrade haben eine Differenz von ca. 19°. Berechne die Entfernung Berlin – Dublin! Runde sinnvoll!

I **195** Ordne den jeweils färbig markierten Kreisteilen die nachstehenden Begriffe korrekt zu!

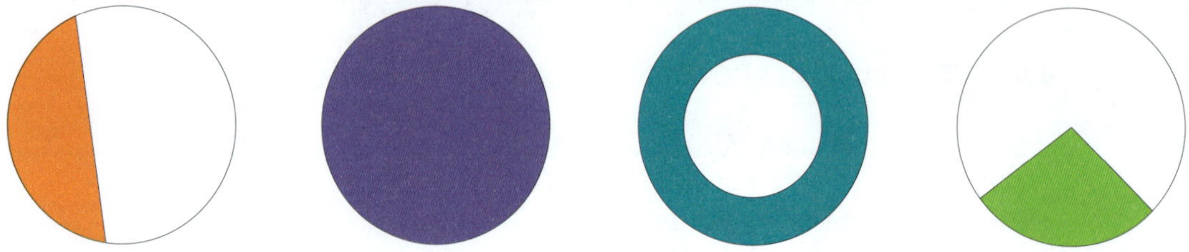

A: ____________ B: ____________ C: ____________ D: ____________

Fläche eines Kreisrings *Fläche eines Kreissektors* *Fläche eines Kreissegments* *Fläche eines Kreises*

D O **196** Stelle die Flächeninhalte A_1 eines Quadrats mit der Seitenlänge 8 cm, A_2 eines Quadrats mit der Diagonalenlänge 8 cm und A_3 eines Kreises mit dem Durchmesser 8 cm in einer Kleiner-Kette dar!

____________ < ____________ < ____________

O **197** Vervollständige die Tabelle! Runde gegebenenfalls auf zwei Nachkommastellen!

	Kreis 1	Kreis 2	Kreis 3	Kreis 4	Kreis 5
Radius	2,5 dm				
Durchmesser		18 mm		0,83 km	
Flächeninhalt			129 m^2		97 mm^2

O A **198** Ein Kreis k_1 hat den Radius $r_1 = 52$ mm. Ein weiterer Kreis k_2 soll einen Radius r_2 haben, der um 20 % länger ist als r_1.

1) Berechne den Radius r_2!

$r_2 =$ ____________ mm

2) Berechne den Flächeninhalt A_1 des Kreises k_1 sowie den Flächeninhalt A_2 des Kreises k_2!

$A_1 \approx$ ____________ mm^2 $A_2 \approx$ ____________ mm^2

3) Um wie viel Prozent ist A_2 größer als A_1? Begründe, dass das Ergebnis nicht 20 % lautet!

____

Begründung: ____________

____

I A **199** Ein Kreis mit dem Radius r_1 hat den Flächeninhalt A_1. Wie groß muss der Radius r_2 eines Kreises sein, damit dessen Flächeninhalt A_2 doppelt so groß ist wie A_1? Kreuze die richtige Antwort an!

☐ $r_2 = 2 \cdot r_1$ ☐ $r_2 = 4 \cdot r_1$ ☐ $r_2 = r_1 \cdot \sqrt{2}$ ☐ $r_2 = r_1 \cdot \pi$ ☐ $r_2 = r_1^2$

O I **200** Berechne den Umfang u und den Flächeninhalt A der nebenstehend abgebildeten Figur!

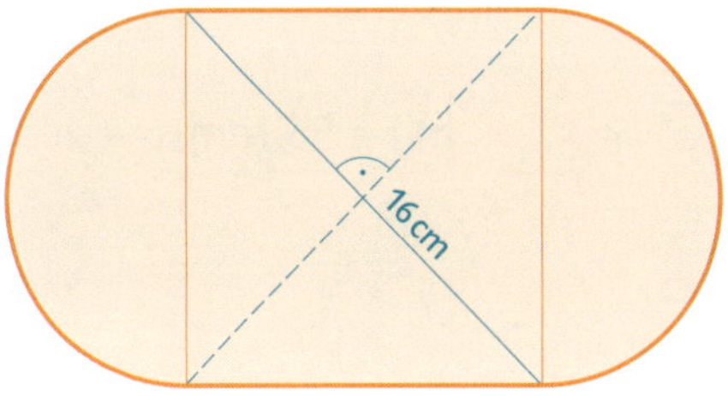

$u \approx$ ________ cm

$A \approx$ ________ cm^2

I **201** Die nebenstehende Abbildung zeigt eine Schublehre. Welches Maß wird damit ermittelt? Kreuze an!

☐ Umfang der Spielmünze ☐ Flächeninhalt der Spielmünze
☐ Radius der Spielmünze ☐ Durchmesser der Spielmünze

O **202** Berechne den Flächeninhalt A des Kreisrings mit den Radien r_1 und r_2!

a) $r_1 = 58\,mm$; $r_2 = 34\,mm$

$A \approx$ ________ mm^2

b) $r_1 = 1{,}3\,m$; $r_2 = 84\,cm$

$A \approx$ ________ dm^2

I **203** Kreuze die korrekte Formel für den Flächeninhalt A eines Kreisrings mit dem äußeren Durchmesser d_1 und dem inneren Durchmesser d_2 an!

☐ $A = d_1 \cdot \pi - d_2 \cdot \pi$ ☐ $A = \frac{d_1^2}{4} \cdot \pi - \frac{d_2^2}{4} \cdot \pi$ ☐ $A = \frac{d_1^2 - d_2^2}{2} \cdot \pi$ ☐ $A = d_1^2 \cdot \pi - d_2^2 \cdot \pi$

O **204** Eine Beilagscheibe aus Messing hat einen äußeren Durchmesser d_1 von 31 mm und einen Flächeninhalt A von 622 mm^2.
Berechne den Durchmesser d_2 des Lochs! Runde sinnvoll!

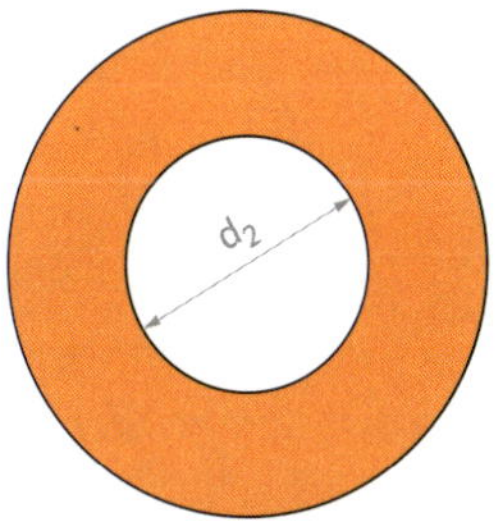

$d_2 \approx$ ________ mm

O **205** Berechne den Flächeninhalt A des Kreissektors mit dem Radius r und dem Zentriwinkelmaß α!

a) $r = 4{,}4\,cm$; $\alpha = 62°$

$A \approx$ ______ cm^2

b) $r = 56{,}1\,dm$; $\alpha = 202°$

$A \approx$ ______ m^2

D **206** Der nachstehende Kreis habe den Flächeninhalt $A = 200\pi$. Zeichne in den Kreis daneben einen Kreissektor ein, der den Flächeninhalt 25π haben soll, und male ihn färbig aus!

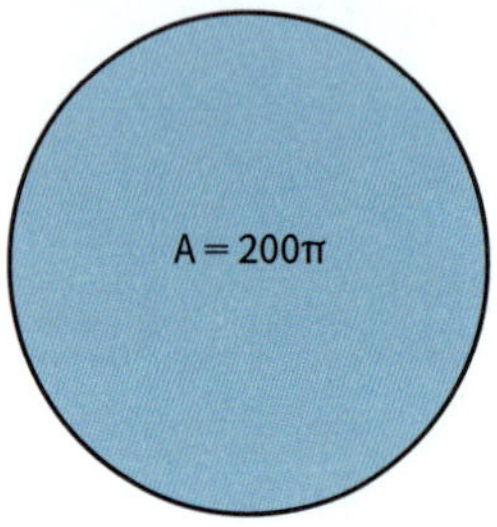

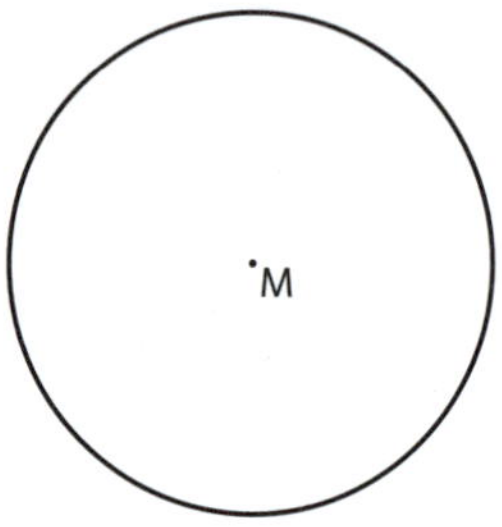

I **207** Ein Kreissektor mit dem Radius r und dem Zentriwinkelmaß α_1 hat den Flächeninhalt A_1. Wie groß muss das Zentriwinkelmaß α_2 eines anderen Kreissektors mit gleichem Radius r sein, damit dessen Flächeninhalt A_2 halb so groß ist wie A_1? Kreuze die richtige Antwort an!

☐ $\alpha_2 = \frac{1}{2} \cdot \alpha_1$ ☐ $\alpha_2 = \frac{\alpha_1}{r}$ ☐ $\alpha_2 = \sqrt{\alpha_1}$ ☐ $\alpha_2 = \frac{\alpha_1}{\pi}$ ☐ $\alpha_2 = \frac{1}{4} \cdot \alpha_1$

O **208** Ein großes Bühnenelement für ein Orchester soll die Form eines Kreissektors haben. Der Flächeninhalt A soll $176\,m^2$ betragen, das Zentriwinkelmaß α muss 140° sein.

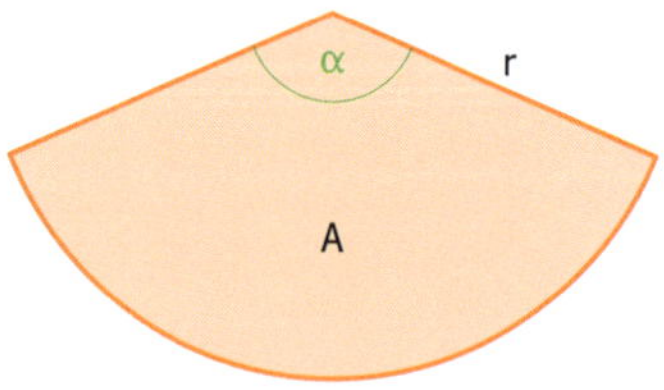

1) Berechne den Radius r für dieses Bühnenelement!

$r \approx$ ______ m

2) Der Rand des gesamten Bühnenelements soll mit einem roten Filzband eingefasst werden. Berechne hierfür den Umfang u des Bühnenelements!

$u \approx$ ______ m

0 **209** Berechne den Flächeninhalt A des Kreissegments mit dem Radius r und dem Zentriwinkelmaß α!

a) $r = 8\,cm$; $\alpha = 90°$

$A \approx$ ______ cm^2

b) $r = 24\,mm$; $\alpha = 60°$

$A \approx$ ______ mm^2

0 I **210** Berechne den Flächeninhalt A und den Umfang u der färbigen Fläche!

a)

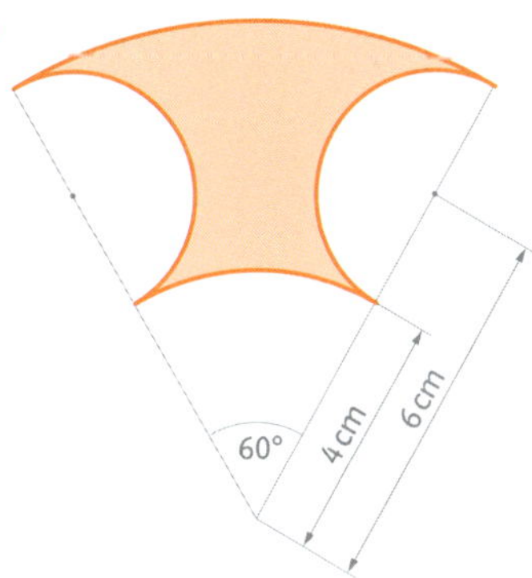

$A \approx$ ______ cm^2

$u \approx$ ______ cm

b)

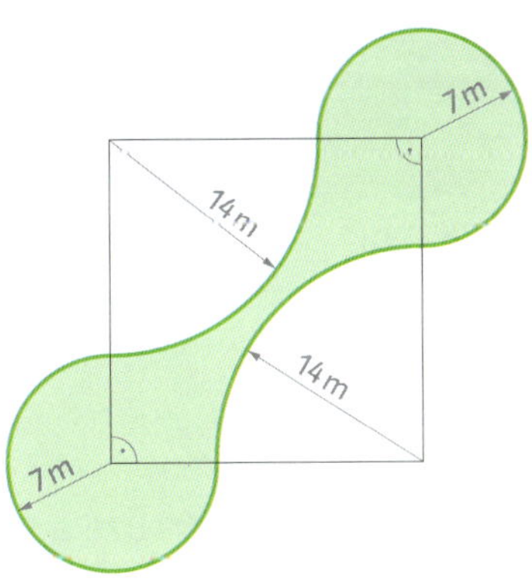

$A \approx$ ______ m^2

$u \approx$ ______ m

c)

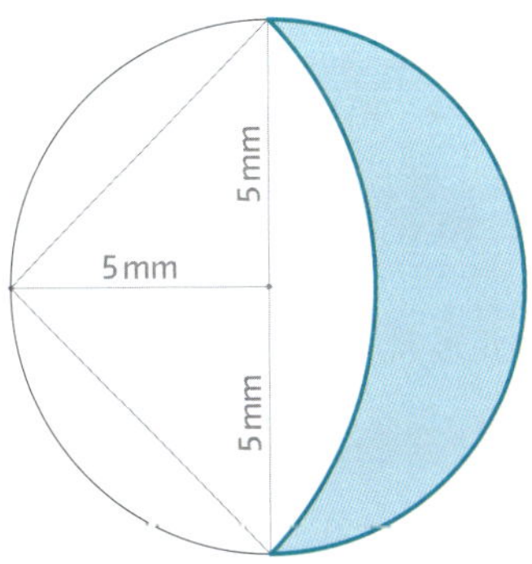

$A =$ ______ mm^2

$u \approx$ ______ mm

7 Rotationskörper

I **211** Kreuze alle Abbildungen von Rotationskörpern an!

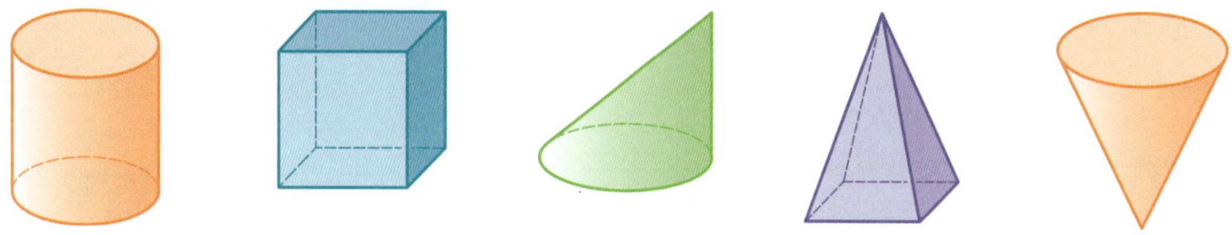

☐ ☐ ☐ ☐ ☐

Drehzylinder

0 **212** Gegeben sind der Radius r und die Höhe h eines Drehzylinders. Berechne das Volumen V des Drehzylinders!
Schreibe den Rechenweg an und trage das Ergebnis ein! Runde sinnvoll!

a) r = 7 cm; h = 3 cm ______________________ V ≈ ________ cm^3

b) r = 9,8 dm; h = 1,3 m ______________________ V ≈ ________ m^3

c) r = 38 mm; h = 0,2 dm ______________________ V ≈ ________ cm^3

d) r = 5,2 m; h = 21 m ______________________ V ≈ ________ m^3

0 **213** Gegeben sind zwei Maße eines Drehzylinders. Berechne das fehlende Maß! Runde sinnvoll!

	a)	b)	c)	d)	e)
Radius r	17 mm	2,9 dm		44 cm	
Höhe h	8 mm		65 cm		18 mm
Volumen V		34,3 dm^3	1 838 cm^3	67 dm^3	1,414 cm^3

I **214** Sind die folgenden Aussagen zu Drehzylindern richtig oder falsch? Kreuze an!

	richtig	falsch
Verdoppelt man den Radius bei gleichbleibender Höhe, so wird das Volumen verdoppelt.	☐	☐
Halbiert man die Höhe bei gleichbleibendem Radius, so wird das Volumen geviertelt.	☐	☐
Halbiert man den Radius bei gleichbleibender Höhe, so wird das Volumen geviertelt.	☐	☐
Verdoppelt man die Höhe bei gleichbleibendem Radius, so wird das Volumen verdoppelt.	☐	☐

O **215** Nebenstehend befinden sich Abbildungen von zwei Drehzylindern.

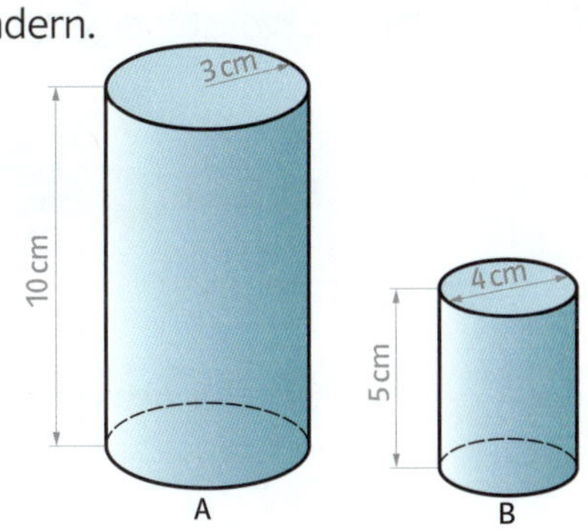

1) Berechne das Volumen V_1 des Drehzylinders A sowie das Volumen V_2 des Drehzylinders B! Entnimm die dafür notwendigen Maße den Abbildungen!

2) Wie viel Prozent des Volumens V_1 macht das Volumen V_2 aus? Runde auf eine Nachkommastelle!

O **216** Ein Kanalgrundrohr aus Polyvinylchlorid (PVC) ist fünf Meter lang, hat einen äußeren Durchmesser von 500 mm und einen inneren Durchmesser von 476 mm. Die Dichte von PVC ist 1,4 g/cm³. Berechne die Masse m dieses Rohres!

A **217** Zwei Drehzylinder haben die gleiche Höhe h. Beim ersten Drehzylinder ist der Durchmesser d = h, beim zweiten Drehzylinder ist der Radius r = h. Begründe, dass sich die Volumina der beiden Drehzylinder wie 1 : 4 verhalten!

O **218** Gegeben sind der Radius r und die Höhe h eines Drehzylinders. Berechne den Oberflächeninhalt O des Drehzylinders! Schreibe den Rechenweg an und trage das Ergebnis ein! Runde sinnvoll!

a) r = 37 mm; h = 52 mm ______ O ≈ ______ mm²

b) r = 2,3 m; h = 10,8 m ______ O ≈ ______ m²

c) r = 67 cm; h = 1,14 m ______ O ≈ ______ m²

d) r = 0,77 m; h = 15 dm ______ O ≈ ______ dm²

O **219** Vervollständige die Tabelle! Runde sinnvoll!

	a)	b)	c)	d)	e)
Radius r	24 cm	75 mm	3 dm	36 mm	10 mm
Höhe h	52 cm		19 dm		0,6 cm
Oberflächeninhalt O		81 483 mm^2		162,8 cm^2	

D I **220** Welche der Abbildungen stellt ein korrektes Netz eines Drehzylinders dar? Kreuze an!

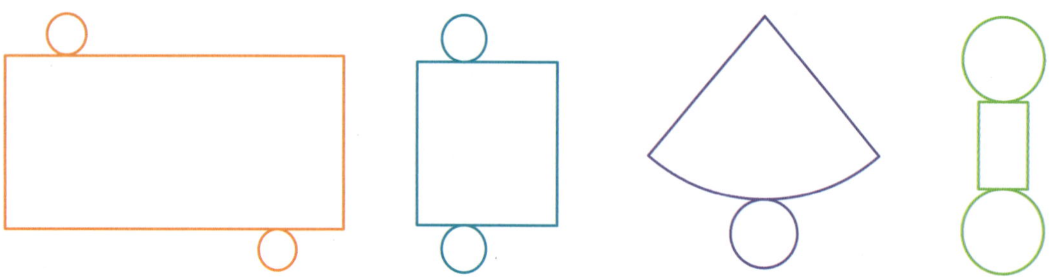

☐ ☐ ☐ ☐

O **221** Eine drehzylinderförmige Acryllackdose soll sowohl auf dem Deckel als auch auf dem Mantel Etiketten erhalten. Die Dose ist 13,2 cm hoch und hat einen Durchmesser von 11 cm.

a) Berechne den Inhalt A_D der Fläche des Etiketts, das auf dem Dosendeckel angebracht werden soll, wenn ein Rand von 1,4 cm frei bleiben muss!

b) Berechne den Inhalt A_M der Fläche des Etiketts, das auf dem Dosenmantel angebracht werden soll, wenn oben und unten ein Rand von jeweils 3 mm frei bleiben muss und 1,5 cm Überlappung berücksichtigt werden!

O A **222** Eine 21 cm hohe drehzylinderförmige Plastikflasche fasst ca. 1 Liter Badezusatz. Stimmt es, dass das 15 cm lange und 13 cm breite Etikett ca. 38 % der Mantelfläche ausmacht? Begründe die Antwort durch Berechnungen!

Drehkegel

I **223** Kreuze nur korrekte Aussagen zu Drehkegeln mit dem Radius r und der Höhe h an!

- ☐ Ein Drehkegel ist ein geometrischer Körper mit einem Kreis als Grundfläche, einer gekrümmten Mantelfläche und einer Spitze.
- ☐ Ein gerader Drehkegel ist ein Rotationskörper, ein schiefer Kegel ist kein Rotationskörper.
- ☐ Der Mantel eines Drehkegels ist ein Kreissektor mit dem Radius r.
- ☐ Das Volumen eines Drehkegels ist ein Drittel des Volumens eines Drehzylinders mit dem Radius r und der Höhe h.
- ☐ Der Oberflächeninhalt eines Drehkegels ist die Summe aus dem Grundflächeninhalt und dem Mantelflächeninhalt.

O **224** Gegeben sind der Radius r und die Höhe h eines Drehkegels. Berechne das Volumen V des Drehkegels! Schreibe den Rechenweg an und trage das Ergebnis ein!
Runde sinnvoll!

a) r = 12 mm; h = 28 mm ______ V ≈ ______ mm^3

b) r = 4 cm; h = 15 cm ______ V ≈ ______ cm^3

c) r = 1,8 dm; h = 47 cm ______ V ≈ ______ dm^3

d) r = 76 cm; h = 2,61 m ______ V ≈ ______ m^3

O **225** Gegeben sind zwei Maße eines Drehkegels. Berechne das fehlende Maß! Runde sinnvoll!

	a)	b)	c)	d)	e)
Radius r	26 cm		0,5 m		39 cm
Höhe h	14 cm	88 mm		2,3 dm	
Volumen V		300 cm^3	0,26 m^3	12,74 dm^3	7,96 dm^3

O A **226** Ein Drehkegel mit dem Radius r und der Höhe h hat ein Volumen V.

1) Hat ein dreimal so hoher Drehkegel mit demselben Radius r das Volumen 3 · V? Kreuze an!

☐ Ja. ☐ Nein.

Begründe die Antwort!

______

______

2) Hat ein Drehkegel mit der Höhe h und dem Volumen 3 · V den Radius 3 · r? Kreuze an!

☐ Ja. ☐ Nein.

Begründe die Antwort!

______

______

O | I | A **227** Der drehkegelförmige Teil eines Trinkglases (siehe Abbildung) hat einen inneren Durchmesser von 8 cm und eine innere Höhe von 10 cm.

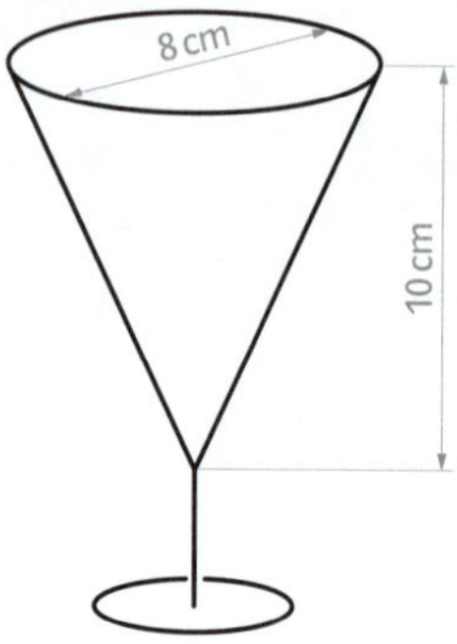

1) Berechne, wie viel Liter das Trinkglas höchstens fasst!

2) Ist die Behauptung korrekt, dass die Trinkflüssigkeit in diesem Glas halb so hoch steht, wenn es nur mit der halben Menge an Flüssigkeit gefüllt ist, die normalerweise in das gesamte Glas passen würde? Kreuze an!

☐ Ja. ☐ Nein.

Begründe die Antwort auch durch eine Rechnung!

O **228** Gegeben sind der Durchmesser d und die Höhe h eines Drehkegels. Berechne die Erzeugendenlänge s des Drehkegels! Schreibe den Rechenweg an und trage das Ergebnis ein!

a) d = 64 mm; h = 24 mm ______ s = ______ mm

b) d = 4,8 cm; h = 7 cm ______ s = ______ cm

c) d = 63 cm; h = 80 mm ______ s = ______ cm

d) d = 26 dm; h = 8,4 m ______ s = ______ dm

O **229** Vervollständige die Tabelle! Runde sinnvoll!

	a)	b)	c)	d)	e)
Radius r	36 cm	40 mm	13 dm		24 mm
Höhe h	77 cm				
Erzeugendenlänge s		85 mm		333 cm	
Mantelflächeninhalt M				3 295,37 dm^2	
Oberflächeninhalt O			4 002 dm^2		127,423 cm^2

I **230** Eine quadratische Pyramide hat den gleichen Grundflächeninhalt G und die gleiche Höhe h wie ein Drehkegel. Kreuze dazu die einzige korrekte Aussage an!

- ☐ Die Grundkantenlänge der Pyramide ist mit Sicherheit gleich dem Radius des Drehkegels.
- ☐ Die Diagonalenlänge der Grundfläche der Pyramide ist mit Sicherheit gleich der Länge des Durchmessers des Drehkegels.
- ☐ Das Volumen der Pyramide ist mit Sicherheit gleich dem Volumen des Drehkegels.
- ☐ Der Oberflächeninhalt der Pyramide ist mit Sicherheit gleich dem Oberflächeninhalt des Drehkegels.

D O **231** Ein drehkegelförmiges Zelt wird ohne Innenboden geliefert. Laut Anleitung ist das aufgestellte Zelt 3 m hoch. Der beigefügten Abbildung kann man ein weiteres Maß entnehmen.

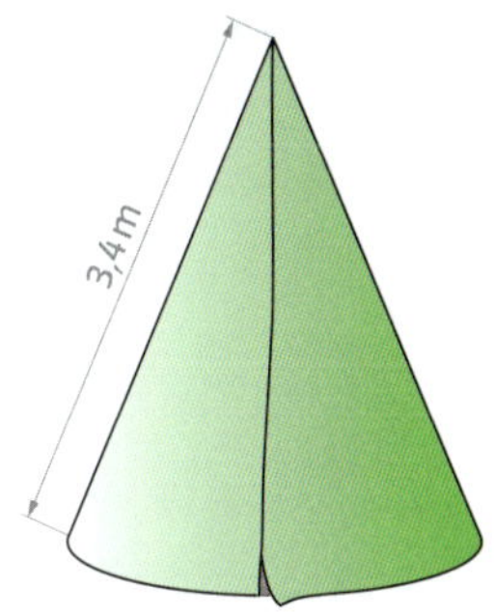

1) Fertige eine Skizze der ausgebreiteten Zeltstofffläche mit dem in der Abbildung gegebenen Maß an!

2) Berechne, um wie viel Quadratmeter Zeltstoff es sich bei der Lieferung handelt!

3) Ein Innenboden soll nachträglich angefertigt werden. Berechne den Durchmesser d und den Flächeninhalt A des Innenbodens!

O A **232** Eine drehkegelförmige Kerze ist 12 cm hoch und hat eine Erzeugendenlänge von 13 cm.

1) Berechne Volumen V und Oberflächeninhalt O der Kerze!

V ≈ ______________ O ≈ ______________

2) Die Kerze wird angezündet. Nach einiger Zeit ist nur noch ein Drehkegelstumpf von halber Höhe der ganzen Kerze übrig. Welches Volumen V_1 hat das verbliebene Kerzenstück?

Begründe, dass $V_1 \neq \frac{V}{2}$!

$V_1 \approx$ ______________

Begründung: ______________________________

Kugel

I **233** Streiche nicht Zutreffendes durch!

Eine Kugel ist ein geometrischer Körper mit einer gekrümmten/gewölbten Oberfläche.

Der Abstand vom Mittelpunkt der Kugel bis zu jedem Punkt der Oberfläche ist der Radius/Durchmesser.

Die Oberfläche einer Hohlkugel nennt man Kugelsymmetrie/Kugelsphäre.

Jede Schnittfläche durch die Kugel ist ein Kreis/eine Ellipse.

O **234** Gegeben ist ein Maß einer Kugel. Berechne die fehlenden Maße! Runde sinnvoll!

	a)	b)	c)	d)	e)
Radius r	82 mm				
Durchmesser d		7,2 cm		0,08 m	
Volumen V			523,6 dm^3		18 432 π cm^3

D O **235** Ein Schneemann wird aus drei Schneekugeln zusammengesetzt, wobei die unterste Kugel einen Durchmesser d_1 von 60 cm hat, der Durchmesser d_2 der mittleren Kugel ist um 20 % kleiner als d_1. Das Volumen V_3 der obersten Kugel beträgt 25 % des Volumens V_1 der untersten Kugel. Berechne das Volumen V des gesamten Schneemanns!

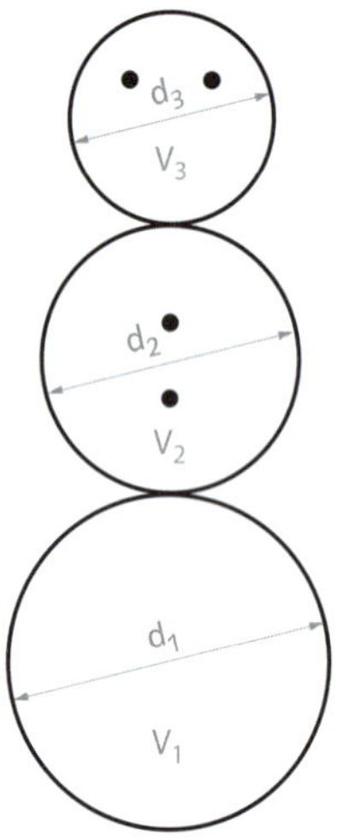

O A **236** Eine Kugel mit dem Radius 20 cm ist aus Holz mit der Dichte $\varrho = 0{,}9\ g/cm^3$. Eine Halbkugel mit dem Radius r = 40 cm ist aus dem gleichen Material gefertigt. Welcher der beiden Körper ist schwerer? Begründe die Antwort durch Berechnungen!

D O **237** Ein Würfel mit der Kantenlänge 14 cm hat dasselbe Volumen V wie eine Kugel. Berechne den Durchmesser d dieser Kugel!

O A **238** Ein kugelförmiger Ballon wird so aufgeblasen, dass er einen Durchmesser d von 20 cm hat.

1) Berechne das Volumen V dieses Ballons!

2) Der Ballon wird weiter aufgeblasen. Um wie viel Zentimeter muss der Durchmesser d vergrößert werden, damit das neue Volumen des Ballons $2 \cdot V$ ist? Begründe, dass eine Vergrößerung von d um 20 cm nicht zum gewünschten Ergebnis führt!

O **239** Eine Hohlkugel hat einen äußeren Durchmesser von 18 cm. Die Wandstärke beträgt 2 cm. Berechne das Volumen V der Hohlkugel!

O **240** Gegeben ist ein Maß einer Kugel. Berechne die fehlenden Maße! Runde sinnvoll!

	a)	**b)**	**c)**	**d)**	**e)**
Radius r	7,9 dm			0,46 m	
Durchmesser d			55 cm		
Oberflächeninhalt O		3 631 mm^2			196π cm^2

O **241** Alveolen sind kugelförmige Lungenbläschen. Ein erwachsener Mensch besitzt ca. 350 Millionen Alveolen, deren Durchmesser bei ca. 0,25 mm liegt.
Berechne den Oberflächeninhalt O aller Alveolen eines Menschen!

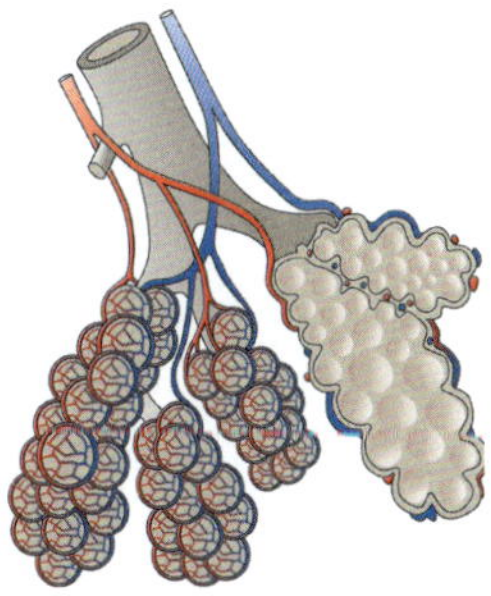

D O **242** Ein Fußball soll einen Umfang u von mindestens 68,5 cm und höchstens 70 cm haben. Berechne damit Schranken für den Oberflächeninhalt O eines Fußballs und stelle diese in einer Kleiner-Kette dar!

______________ $\leq O \leq$ ______________

Vermischte Aufgaben

O **243** Gegeben ist der Körper in der nebenstehenden Abbildung mit den angegebenen Maßen.

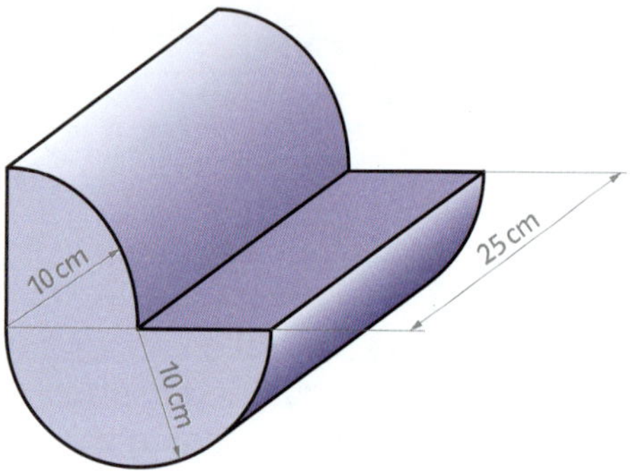

1) Berechne das Volumen V dieses Körpers!

2) Berechne den Oberflächeninhalt O dieses Körpers!

O **244** Der nebenstehend abgebildete Körper ist aus Eisen, das eine Dichte von $\varrho = 7{,}9\,g/cm^3$ hat. Der dünne Drehzylinder hat einen Durchmesser von 2,5 dm. Berechne die Masse m dieses Körpers!

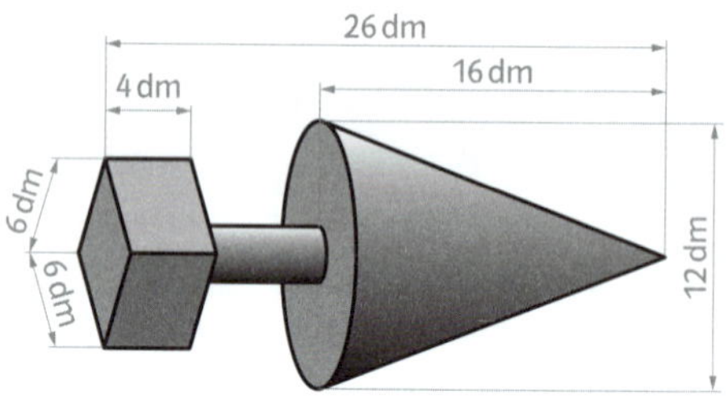

D O **245** Ein Plastikdruckknopf für das Zusammenbauen von Möbelstücken ist aus zwei Drehzylindern und einer Halbkugel aufgebaut. Der Durchmesser des untersten Drehzylinders beträgt 18 mm, dessen Höhe 3 mm, der Durchmesser des aufgesetzten gleichseitigen Drehzylinders beträgt 6 mm. Berechne das Volumen V dieses Plastikdruckknopfes!

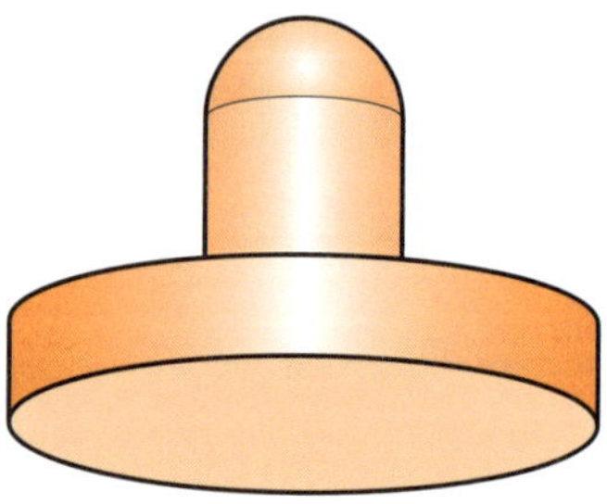

O | I **246** Das Volumen V eines Rotationskörpers mit dem Radius r soll halbiert werden. Bei Drehzylinder und Drehkegel bleibt die Höhe h jeweils konstant. Was muss für den neuen Radius r_1 gelten, damit das Volumen des Rotationskörpers $\frac{V}{2}$ ist? Kreuze an!

☐ Drehzylinder: $r_1 = \frac{r}{2}$	☐ Drehkegel: $r_1 = \frac{r}{2}$	☐ Kugel: $r_1 = \frac{r}{2}$
☐ Drehzylinder: $r_1 = \frac{r}{\sqrt{2}}$	☐ Drehkegel: $r_1 = \frac{r}{\sqrt{2}}$	☐ Kugel: $r_1 = \frac{r}{\sqrt{2}}$
☐ Drehzylinder: $r_1 = \frac{r}{\sqrt[3]{2}}$	☐ Drehkegel: $r_1 = \frac{r}{\sqrt[3]{2}}$	☐ Kugel: $r_1 = \frac{r}{\sqrt[3]{2}}$

D | O **247** Einer Kugel vom Radius r = 15 cm wird ein Drehzylinder umgeschrieben (siehe Abbildung).
Es sei O_K der Oberflächeninhalt der Kugel und O_Z der Oberflächeninhalt des Drehzylinders. Ermittle, in welchem Verhältnis die beiden Oberflächeninhalte zueinander stehen!

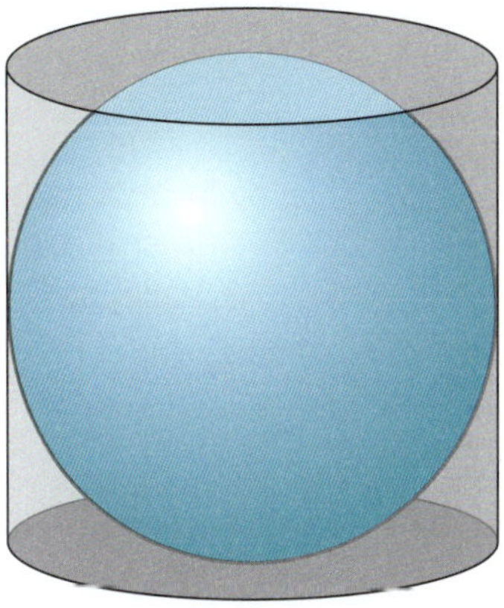

$O_K : O_Z$ = ________ : ________

D | O **248** In einem 12 cm hohen drehzylinderförmigen Glas steht ein Achtelliter Wasser 3,9 cm hoch.

1) Berechne den Durchmesser d des Glases!

2) Zur Abkühlung wird eine mit Eis gefüllte Plastikkugel mit dem Durchmesser 3 cm in das Glas geworfen. Berechne, um wie viel Zentimeter dadurch der Wasserspiegel steigt!

8 Zentralmaße und Streuungsmaße

0 I **249** **a)** In einer Schule wird jedes Jahr eine Musikklasse eröffnet. Die Anzahl der Schülerinnen und Schüler in diesen Klassen ist in nebenstehendem Balkendiagramm dargestellt. Berechne die durchschnittliche Schüleranzahl in den Musikklassen!

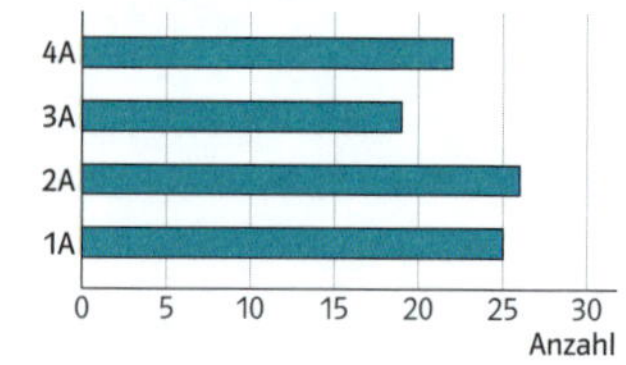

b) In nebenstehendem Stängel-Blatt-Diagramm ist die Körpergröße (in cm) der Teilnehmerinnen und Teilnehmer der Unverbindlichen Übung „Volleyball" dargestellt. Ermittle deren Durchschnittsgröße!

14	5, 8
15	0, 2, 6
16	1, 4, 5, 9
17	0, 4, 7
18	2, 6
19	3

c) Sprachkurse in Deutsch werden in drei unterschiedlichen Stundenausmaßen angeboten. Nebenstehende Strichliste zeigt die jeweilige Anzahl der Teilnehmerinnen und Teilnehmer. Berechne anhand der absoluten Häufigkeiten die durchschnittliche Stundenzahl pro teilnehmender Person!

Stunden	16	32	48
Anzahl der Kursteilnehmer	卌 ||	卌 卌	卌 卌 |||

d) Nebenstehendes Kreisdiagramm zeigt die prozentuelle Verteilung von insgesamt 60 Interessenten auf das Angebot an naturwissenschaftlichen verbindlichen Übungen einer Schule. Ermittle die Anmeldezahlen für jede Übung sowie die durchschnittliche Anmeldezahl!

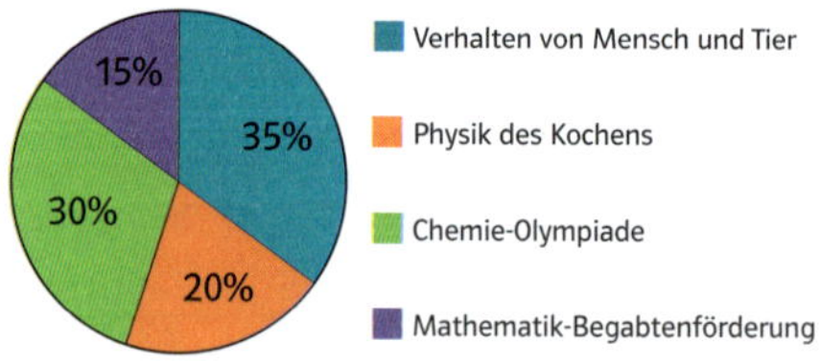

0 **250** **1)** Berechne das arithmetische Mittel $\bar{x}$ der Zahlen 9, 15, 12, 20!

2) Gegeben sind die Zahlen 7, 13, 19. Ergänze die Liste um eine Zahl so, dass sie dasselbe arithmetische Mittel $\bar{x}$ hat wie die Liste in Teilaufgabe 1!

7, 13, 19, ______

3) Gegeben sind die Zahlen 8 und 15. Ergänze die Liste um zwei Zahlen so, dass sie dasselbe arithmetische Mittel $\bar{x}$ hat wie die Liste in Teilaufgabe 1! Gib vier verschiedene Möglichkeiten an!

8, 15, ______, ______ 8, 15, ______, ______ 8, 15, ______, ______ 8, 15, ______, ______

O A **251** Die Richtigkeit der Konstruktion eines Parallelogramms wird durch den Vergleich der Messergebnisse des Winkels α überprüft. Zehn Schülerinnen bzw. Schüler messen 57°, 56°, 58°, 57°, 55°, 123°, 58°, 56°, 59°, 57°.

1) In dieser Liste der Winkelmaße gibt es einen „Ausreißer". Finde (mindestens zwei) mögliche Erklärungen dafür, wie das Maß $\alpha = 123°$ zustande gekommen sein könnte!

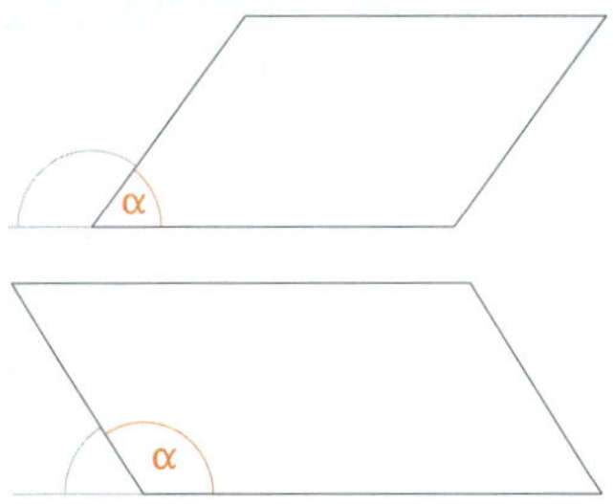

2) Berechne das arithmetische Mittel der Liste der Winkelmaße: Ermittle $\overline{x_1}$ mit dem bzw. $\overline{x_2}$ ohne den „Ausreißer"! Begründe, dass der Wert des arithmetischen Mittels $\overline{x_2}$ mit dem „Ausreißer" für diese Aufgabenstellung ungeeignet ist!

3) Begründe, in welchen Fällen ein „Ausreißer" einer Liste von Daten gestrichen werden darf!

O **252** **1)** Für das Lösen einer Aufgabe benötigen sieben Schüler folgende Zeiten (in Minuten): 8, 6, 8, 9, 5, 7, 6. Berechne das arithmetische Mittel $\overline{x}$ des Zeitaufwands!

2) Fünf Schülerinnen benötigen für das Lösen derselben Aufgabe durchschnittlich 6,8 Minuten. Vier Schülerinnen erarbeiten das Ergebnis in 8, 8, 4 bzw. 6 Minuten. Berechne, wie lang die fünfte Schülerin für das Lösen der Aufgabe benötigt!

3) Ermittle die durchschnittliche Dauer für das Lösen der Aufgabe der zwölf Schülerinnen und Schüler anhand der Einzelwerte!

4) Gib einen Term an, mit dem die durchschnittliche Dauer für das Lösen der Aufgabe der zwölf Schülerinnen und Schüler mit den Mittelwerten der sieben Schüler (Teilaufgabe 1) bzw. der fünf Schülerinnen (Teilaufgabe 2) berechnet werden kann! Berechne den Wert des Terms und vergleiche das Ergebnis mit dem von Teilaufgabe 3!

I **253** Welche Aussagen über das arithmetische Mittel treffen zu, welche nicht? Kreuze an!

	trifft zu	trifft nicht zu
Das arithmetische Mittel wird als Quotient der Summe der Einzelwerte und der Anzahl der Werte berechnet.	☐	☐
Das arithmetische Mittel ist stets ein Wert der Datenliste.	☐	☐
Wird zu jedem Wert der Liste 5 addiert, so erhöht sich das arithmetische Mittel ebenfalls um 5.	☐	☐
Ein extrem hoher Einzelwert einer Datenliste „zieht“ das arithmetische Mittel „nach oben“, sodass es kein brauchbares Ergebnis im Sinn eines „Durchschnittswerts“ ergibt.	☐	☐
Wird jeder Wert der Liste mit 3 multipliziert, so erhöht sich das arithmetische Mittel der Liste um 3.	☐	☐

O I A **254** In drei 4. Klassen wurde die Höhe des wöchentlichen Taschengelds erhoben. Die Beträge des Taschengelds der Schülerinnen und Schüler der 4A sind in einem Stängel-Blatt-Diagramm zusammengefasst. Das Säulendiagramm zeigt die Höhe des Taschengelds der Schülerinnen und Schüler der 4B. Im Kreisdiagramm ist die Verteilung der Höhe des Taschengelds der 25 Schülerinnen und Schüler der 4C in Prozentdarstellung angegeben.

0	6, 6, 8
1	0, 0, 2, 4, 4, 6, 8
2	0, 0, 0, 2, 2, 5, 6, 8, 8
3	0, 0, 5

4A

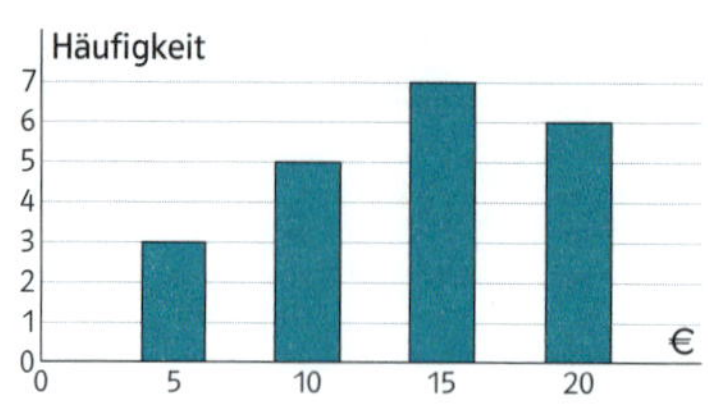

4B

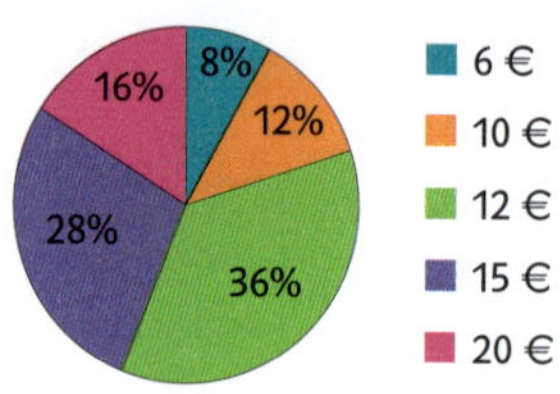

4C

1) Berechne die durchschnittliche Höhe des Taschengelds in der 4A!

2) Berechne die durchschnittliche Höhe des Taschengelds in der 4B mit Hilfe der absoluten Häufigkeiten der Taschengeldbeträge im Säulendiagramm! Erläutere die Vorteile der Berechnung des arithmetischen Mittels mit absoluten Häufigkeiten (im Vergleich zur Berechnung mit Einzelwerten)!

3) Berechne die Höhe des durchschnittlichen Taschengelds in der 4C anhand der relativen Häufigkeiten im Kreisdiagramm! Beschreibe, wie das arithmetische Mittel auf andere Weise berechnet werden könnte!

4) Gib einen Term für die Höhe des durchschnittlichen Taschengelds in allen drei Klassen als gewichtetes arithmetisches Mittel $\overline{x}$ der Mittelwerte der drei Klassen an! Berechne den Wert des Terms!

0 I **255** In einer Kantine werden fünf verschiedene Menüs angeboten:
A Putengeschnetzeltes mit Curryreis, **B** Kalbssteak mit Kartoffelpuffern, **C** Lachsfilet mit Petersilienkartoffeln, **D** Tagliatelle mit Rahmgemüse, **E** Topfenknödel mit Marillen und Butterbröseln

Der Brennwert der Menüs A bis E ist in folgender Liste in Kilokalorien (kcal) angegeben:

A	B	C	D	E
420	520	480	460	450

Die Nachfrage der Menüs A bis E ist in folgender Strichliste festgehalten:

A	B	C	D	E
𝍸 𝍸 𝍸 𝍸 |	𝍸 𝍸 𝍸 ||	𝍸 𝍸 𝍸 𝍸 ||||	𝍸 ||||	𝍸 𝍸 𝍸

1) Erstelle eine geordnete Liste der Kilokalorien der Menüs A bis E!

____

Welches der Menüs hat den niedrigsten bzw. den höchsten Brennwert? ________, ________

Wie groß ist die Differenz zwischen dem höchsten und dem niedrigsten Brennwert? ________

Die Kilokalorienzahl welches Menüs befindet sich in der Mitte der geordneten Liste? ________

Wie lauten die mathematischen Bezeichnungen für den kleinsten bzw. den größten Wert einer Liste bzw. für die Differenz zwischen größtem und kleinstem Wert? Wie wird der in der Mitte einer geordneten Liste liegende Wert bezeichnet?

________, ________, ________, ________

2) Erstelle eine geordnete Liste der Nachfragezahlen der Menüs A bis E!

____

Welches Menü wurde am häufigsten bestellt? ________

Wie lautet die mathematische Bezeichnung für den häufigsten Wert einer Liste? ________

3) Berechne den durchschnittlichen Brennwert $\bar{x}$ der fünf Menüs! ________

Für Suppe und Salat werden durchschnittlich 180 kcal pro Person berechnet. Wie hoch ist der durchschnittliche Brennwert $\bar{x}'$ der Menüs mit Suppe und Salat? ________

Wie lautet die mathematische Bezeichnung für den Durchschnittswert? ________

4) Wie viele Menüs wurden an diesem Tag insgesamt bestellt? ________

Die Nachfrage der einzelnen Menüs ist unterschiedlich. Berechne, wie viel Kilokalorien an diesem Tag (ohne Suppe, Salat und Nachspeise) im Mittel pro Person aufgenommen wurden!

Für Suppe, Salat und Nachspeise wurden an diesem Tag insgesamt 25 800 Kalorien konsumiert. Wie viel Kilokalorien wurden bei dieser Mahlzeit pro Person insgesamt im Mittel aufgenommen?

____

O I A **256** Die Schülerinnen und Schüler von drei vierten Klassen haben bei einem Test folgende Beurteilungen erhalten:
4A: 1, 1, 1, 1, 2, 2, 2, 2, 2, 2, 3, 3, 3, 3, 3, 3, 3, 4, 5, 5
4B: 1, 1, 2, 2, 2, 2, 2, 2, 2, 2, 2, 2, 3, 3, 3, 3, 3, 3, 4, 4, 4, 5, 5, 5
4C: 1, 1, 1, 1, 2, 2, 2, 2, 2, 3, 4, 5, 5, 5, 5, 5, 5

Für den Vergleich der Ergebnisse in den drei Klassen werden verschiedene Argumente angeführt.
Nina, 4B: „Die Note, die in der 4B am häufigsten vorgekommen ist, ist der Zweier, in der 4A ist es der Dreier, in der 4C der Fünfer. Somit sind unsere Leistungen am besten."
Fritz, 4C: „Die Note, die in der nach der Größe geordneten Notenliste in der Mitte steht, ist ausschlaggebend. Demnach hat die 4C das beste Schularbeitsergebnis."
Juen, 4A: „Ich habe jeweils die Summe der Noten durch deren Anzahl dividiert. Dabei hat die 4A am besten abgeschnitten."

1) Gib jeweils an, welche statistische Kennzahl für den Vergleich herangezogen wird!

Nina: ______________ Fritz: ______________ Juen: ______________

2) Welche dieser drei Kennzahlen findest du für den Vergleich der Ergebnisse der drei Klassen am besten geeignet? Begründe die Entscheidung!

D O I **257** Die elf Spieler einer Jugend-Fußballmannschaft haben beim Training des Elfmeterschießens in 15 Durchgängen folgende Anzahlen von Treffern erzielt:

Spieler	A	B	C	D	E	F	G	H	I	J	K
Anzahl der Treffer	9	12	5	10	6	12	10	11	14	8	6

1) Erstelle eine geordnete Liste der Anzahlen der Treffer! Ermittle das Minimum, die Quartile q_1, q_2 und q_3 sowie das Maximum der Liste!

2) Stelle die Anzahlen der Treffer als Punkte auf dem Zahlenstrahl dar! Erstelle mit den Werten von Teilaufgabe 1 ein Kastenschaubild über die Anzahlen der erzielten Tore!

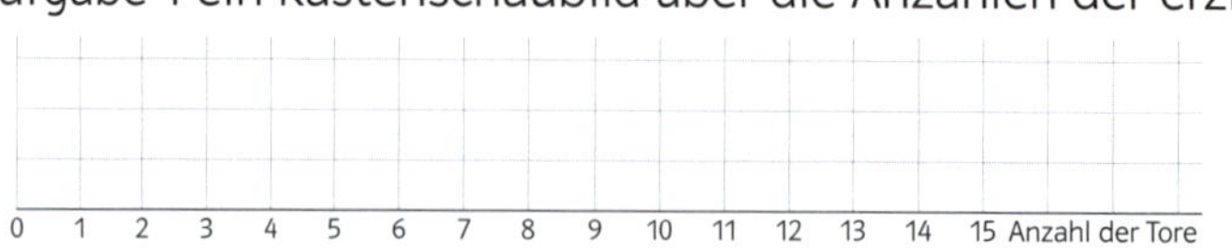

I **258** Die Trainingsergebnisse von 30 Sprüngen von Skispringern sind in folgendem Kastenschaubild (in Meter) dargestellt:

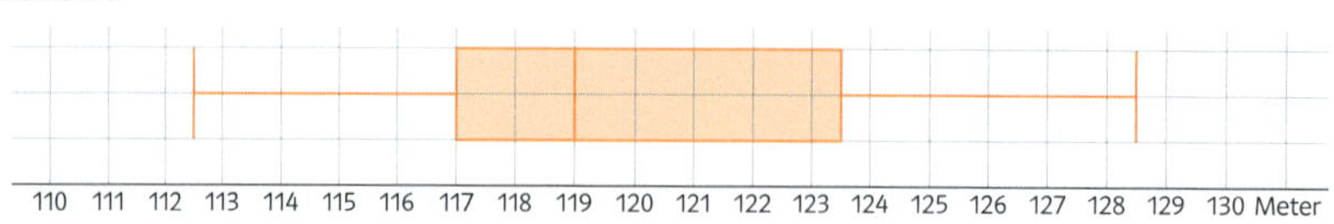

Kreuze die zutreffende(n) Aussage(n) an!
☐ Die Differenz zwischen dem weitesten und dem kürzesten Sprung beträgt 16 m.
☐ Die Sprungweite von ungefähr der Hälfte der Sprünge ist gleich oder größer als 120 m.
☐ Die mittleren 50 % der Sprungweiten liegen im Bereich von 117 m bis 123,5 m.
☐ Die Sprungweiten zwischen q_1 und q_2 liegen am dichtesten beieinander.
☐ Ca. drei Viertel der Sprungweiten sind größer oder gleich 117 m.

D O A **259** Bei einem Teamwettbewerb im Weitsprung absolvieren sechs Teilnehmerinnen jeweils drei Sprünge. Folgende Weiten wurden erzielt:

Nadja: 3,85 m; 4,15 m; 2,90 m | Nona: 3,95 m; 4,20 m; 3,70 m | Alina: 3,25 m; 3,85 m; 4,00 m
Leonie: 4,05 m; 3,85 m; 3,95 m | Carla: 3,85 m; 3,35 m; 4,10 m | Ilona: 3,65 m; 4,05 m; 3,80 m

1) Alle Versuche der sechs Teilnehmerinnen werden gewertet. Gib den Modus aller Sprungweiten an! Berechne das arithmetische Mittel $\bar{x}$ der Liste! Stelle alle Sprungweiten in einem Kastenschaubild dar!

geordnete Liste: ____________________

____

Modus = __________

$\bar{x} \approx$ __________

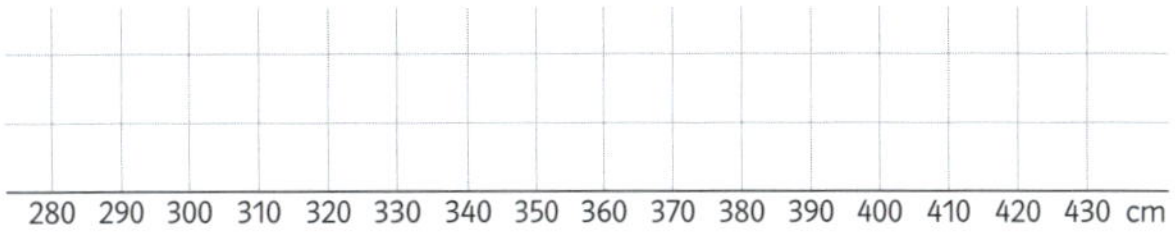

2) Es werden nur jeweils die besten Sprünge jeder Teilnehmerin gewertet. Gib den Modus der jeweils besten Sprungweiten an! Berechne das arithmetische Mittel $\bar{x}$ der Liste! Stelle die jeweils besten Sprungweiten in einem Kastenschaubild dar!

geordnete Liste: ____________________

Modus = __________

$\bar{x} \approx$ __________

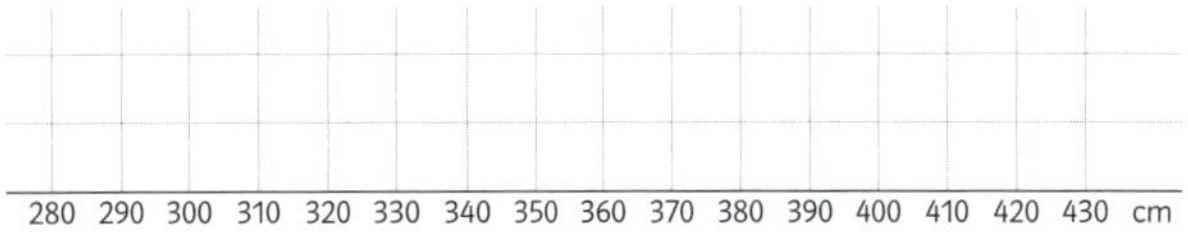

3) Überlege eine Regel, wie die Teamleistung gewertet werden soll! Welche statistische(n) Kennzahl(en) soll(en) für die Bewertung der Weitsprung-Teamleistung herangezogen werden?

I **260** Kaffee wird maschinell in Packungen zu je 500 g abgefüllt. Im Rahmen einer Qualitätskontrolle werden drei Abfüllmaschinen Stichproben entnommen und gewogen. Die Ergebnisse sind in nachstehenden Kastenschaubildern dargestellt. Beantworte die Fragen durch Ankreuzen!

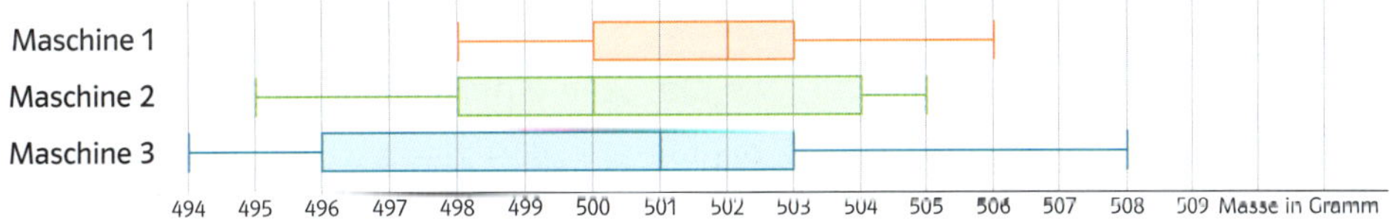

	Maschine 1	Maschine 2	Maschine 3
Bei welcher/welchen der drei Abfüllmaschinen wurden in mehr als ca. 75 % der Stichproben 500 g und mehr abgefüllt?	☐	☐	☐
Maschinen, deren Spannweite größer als 10 ist, müssen gewartet werden. Für welche Maschine(n) trifft dies zu?	☐	☐	☐
Bei welcher/welchen der drei Maschinen wurden ca. 25 % der Stichproben mit höchstens 498 g abgefüllt?	☐	☐	☐
Bei welcher/welchen Abfüllmaschine(n) liegen die mittleren 50 % der Stichproben weniger als 7 g auseinander?	☐	☐	☐
Die Abfüllmenge darf maximal 1 % des auf der Verpackung angegebenen Werts von 500 g unterschreiten. Bei welcher/welchen Abfüllmaschinen trifft dies zu?	☐	☐	☐

D O I **261** Bei einem Wissenstest können maximal zehn Punkte erreicht werden. Das Ergebnis des Tests in der 4A ist in Form einer Strichliste dargestellt:

Punktezahl	0	1	2	3	4	5	6	7	8	9	10
Anzahl der Schülerinnen und Schüler (Häufigkeit)	–	–	|	–	||	|||	||	||||	卌	||||	|||

Das Ergebnis der 4B ist in folgendem Säulendiagramm dargestellt:

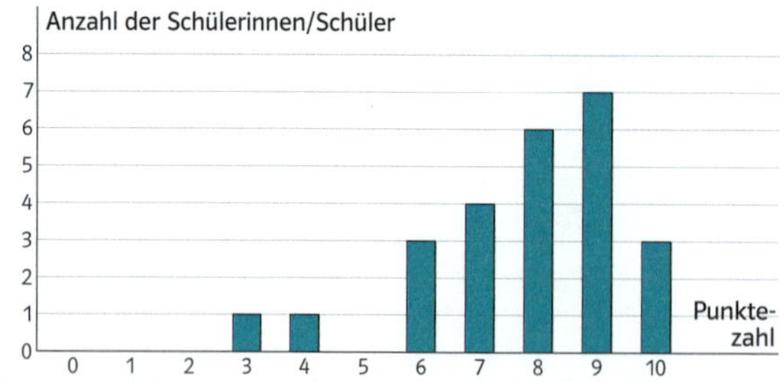

1) Stelle die Ergebnisse beider Klassen als geordnete Liste dar!

4A: ____________________

4B: ____________________

2) Ermittle das Minimum, das Quartil q_1, den Median q_2, das Quartil q_3 sowie das Maximum in beiden Klassen!

4A: Minimum: __________ 4B: Minimum: __________

Quartil q_1: __________ Quartil q_1: __________

Median q_2: __________ Median q_2: __________

Quartil q_3: __________ Quartil q_3: __________

Maximum: __________ Maximum: __________

3) Stelle das Ergebnis des Tests für jede Klasse in einem Kastenschaubild dar!

4A:

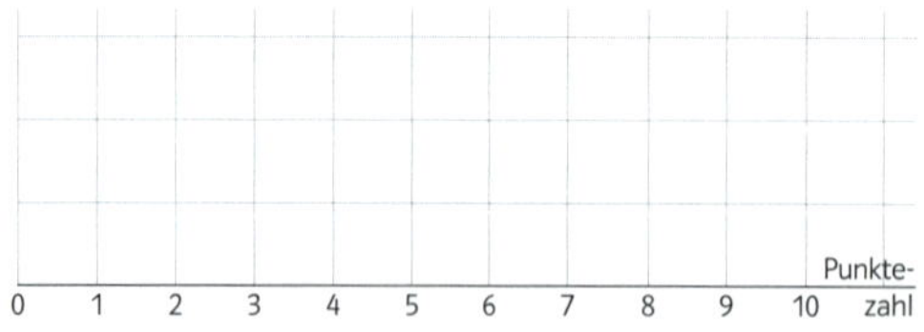

4B:

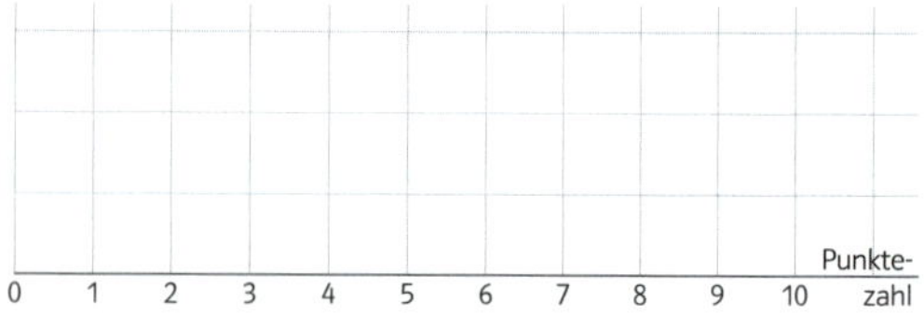

4) Kreuze die zutreffende(n) Aussage(n) an!

☐ Der Vergleich der Spannweiten der 4A bzw. der 4B zeigt, dass die Streuung der Testergebnisse in der 4A größer ist als in der 4B.

☐ Der Wert in der Mitte der geordneten Liste ist in der 4B größer als der in der 4A.

☐ In beiden Klassen ist der Median ein Wert der Liste der Testergebnisse.

☐ Der Quartilabstand $(q_3 - q_1)$ gibt die Streuung der mittleren 50 % der Testergebnisse an und ist in der 4B größer.

☐ Obwohl die Quartile aufgrund der unterschiedlichen Anzahlen der Schülerinnen und Schüler in der 4A bzw. 4B auf verschiedene Weise ermittelt wird, ergibt sich in beiden Klassen derselbe Wert für q_3.

D O I A **262** Albert notiert an 15 aufeinanderfolgenden Schultagen die Zeit (in Minuten), die er für den Weg in die Schule benötigt: 54, 52, 56, 55, 52, 55, 56, 58, 54, 38, 55, 50, 54, 55, 56

1) Berechne das arithmetische Mittel $\bar{x}$ und die empirische Standardabweichung s der Liste!

Trage die Werte für $\bar{x}$, $(\bar{x} - s)$ und $(\bar{x} + s)$ als vertikale Linien in untenstehendes Säulendiagramm ein!

$\bar{x} \approx$ ____________

$\bar{x} - s \approx$ ____________

$\bar{x} + s \approx$ ____________

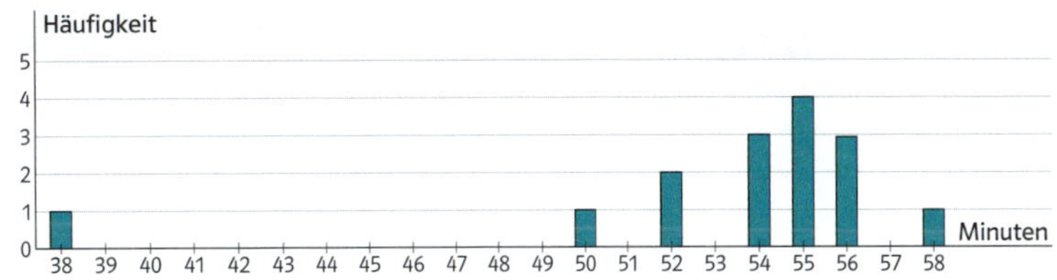

2) Erstelle eine geordnete Liste der Zeitdauern des Schulwegs! Gib das Minimum, die Quartile q_1, q_2 und q_3 sowie das Maximum der Liste an und stelle damit die Zeitdauern des Schulwegs in einem Kastenschaubild dar!

geordnete Liste: ______________________________

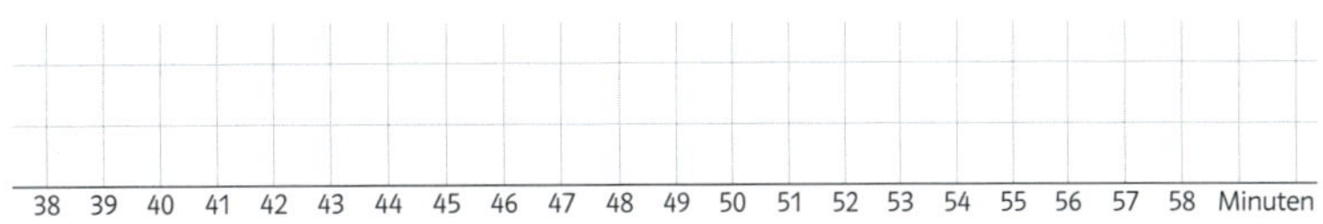

3) Albert ist skeptisch, was den kleinsten Wert der Liste betrifft und streicht ihn. Beschreibe mögliche Gründe dafür, wie dieser „Ausreißer" zustande gekommen sein könnte! In welchen dieser Fälle darf der „Ausreißer" gestrichen werden?

4) Für die neue Liste (ohne den „Ausreißer") gilt: $\bar{x}' \approx 54{,}43$ und $s' \approx 1{,}95$. Trage die Werte für $\bar{x}'$, $(\bar{x}' - s')$ und $(\bar{x}' + s')$ als vertikale Linien in untenstehendes Säulendiagramm ein! Beschreibe, wie sich das arithmetische Mittel und die empirische Standardabweichung im Vergleich zu den Ergebnissen aus Teilaufgabe 1 verändert haben!

$\bar{x}' \approx$ ____________

$\bar{x}' - s' \approx$ ____________

$\bar{x}' + s' \approx$ ____________

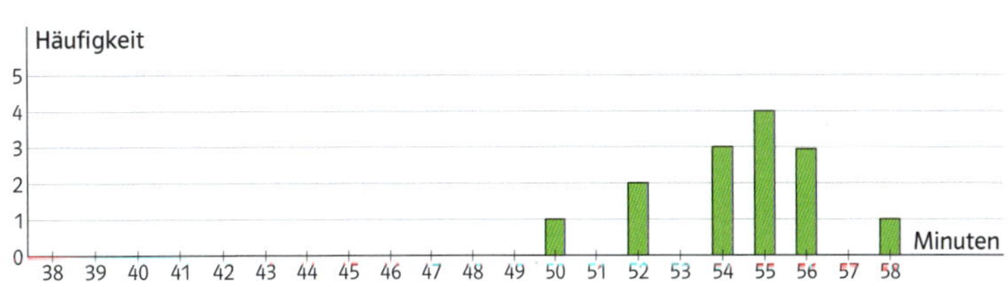

5) Stelle die Zeitdauern des Schulwegs ohne „Ausreißer" in einem Kastenschaubild dar! Beschreibe, welche statistischen Kennzahlen sich im Vergleich zu den Ergebnissen aus Teilaufgabe 2 verändert haben!

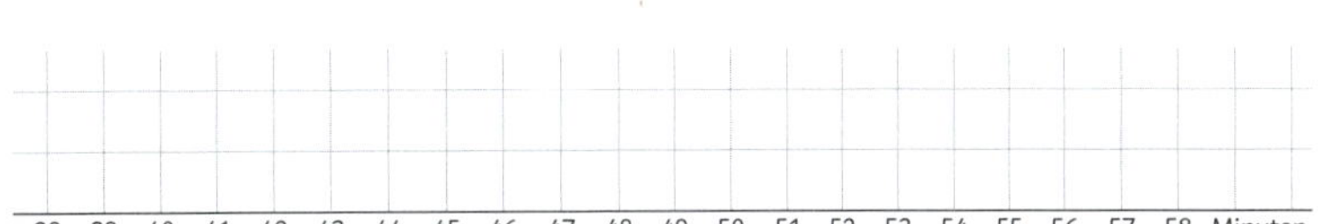

D O I **263** In den folgenden Abbildungen sind zwei Häufigkeitsverteilungen A und B mit demselben arithmetischen Mittel dargestellt:

A

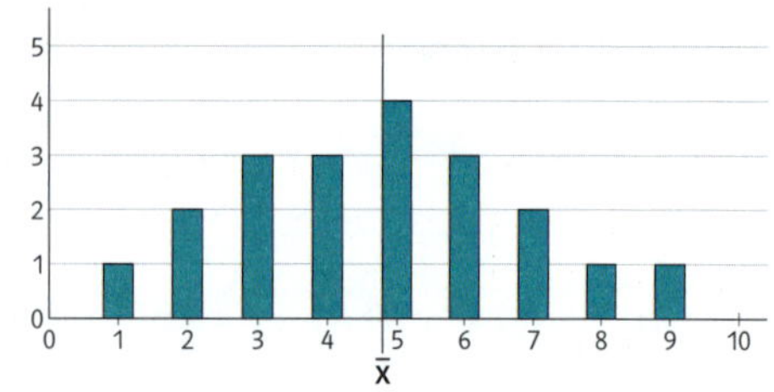

B

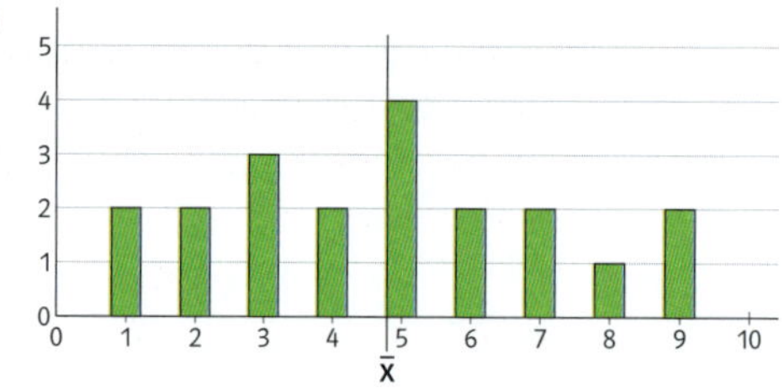

1) Ergänze die absoluten Häufigkeiten in den beiden Tabellen!

A

1	2	3	4	5	6	7	8	9

B

1	2	3	4	5	6	7	8	9

2) Berechne jeweils das arithmetische Mittel $\overline{x}$ und die empirische Standardabweichung s!

A: $\overline{x} =$ ____________ $s \approx$ ____________ B: $\overline{x} =$ ____________ $s \approx$ ____________

3) Ermittle jeweils die Zahlen $(\overline{x} + s)$ bzw. $(\overline{x} - s)$ und zeichne diese Werte als vertikale Linien in obige Säulendiagramme ein! Gib jeweils an, wie viele Werte im Intervall $[\overline{x} - s; \overline{x} + s]$ liegen!

4) Beschreibe, auf welche Unterschiede in den oben dargestellten Häufigkeitsverteilungen A bzw. B die verschiedenen Werte der empirischen Standardabweichung s hinweisen!

O I **264** Um die Betriebskosten einer Bäckerei kalkulieren zu können, darf es bei der Produktion von mehr als 10 000 Semmeln täglich zu keinen allzu großen Massenabweichungen kommen. In einer Stichprobe von 100 Semmeln wurden die Massen erhoben und notiert:

Masse (in g)	48,8	49,0	49,2	49,4	49,6	49,8	50,0	50,2	50,4	50,6	50,8	51,0	51,2
Anzahl	1	2	4	8	11	15	17	16	11	9	3	2	1

1) Berechne das arithmetische Mittel $\overline{x}$ der Massen der 100 Semmeln!

$\overline{x} =$ ____________

2) Die empirische Standardabweichung beträgt $s \approx 0{,}472$.
Die Massen von wie vielen der 100 Semmeln liegen im Intervall $[\overline{x} - s; \overline{x} + s]$?

Wie viel Prozent der Massen der Semmeln liegen im Intervall $[\overline{x} - s; \overline{x} + s]$?

I **265** In einem Betrieb werden Fahrräder in zwei Produktionsanlagen hergestellt. Jeweils 50 Fahrräder werden gewogen und es wird deren Masse notiert. Das arithmetische Mittel $\overline{x}$ der Massen in den zwei Listen beträgt 14,00 kg. Die empirische Standardabweichung in der ersten Liste beträgt $s_1 = 0{,}12$ kg, die in der zweiten Liste $s_2 = 0{,}09$ kg.
Kreuze die zutreffende(n) Aussage(n) an!

- ☐ Bei der ersten Liste ist die Masse der Fahrräder breiter gestreut als bei der zweiten.
- ☐ Das arithmetische Mittel der Massen der Fahrräder ist bei beiden Produktionsanlagen gleich.
- ☐ Die zweite Produktionsanlage arbeitet präziser als die erste.
- ☐ Der Median der Massen der Fahrräder der beiden Anlagen ist gleich.
- ☐ Die Spannweite der Daten der ersten Produktionsanlage ist größer als die der zweiten.

D O I **266** In folgender Tabelle sind die Ergebnisse zweier Englischschularbeiten dargestellt:

Schüler	A	B	C	D	E	F	G	H	I	J	K	L	M
1. Schularbeit	2	1	3	4	5	3	2	1	3	3	4	1	3
2. Schularbeit	3	1	5	3	4	2	2	2	4	1	4	3	3

1) Gib die Schularbeitsergebnisse als geordnete Liste an!

1. Schularbeit: ____________________ 2. Schularbeit: ____________________

2) Stelle die Ergebnisse beider Schularbeiten jeweils in einem Kastenschaubild dar!

1. Schularbeit:

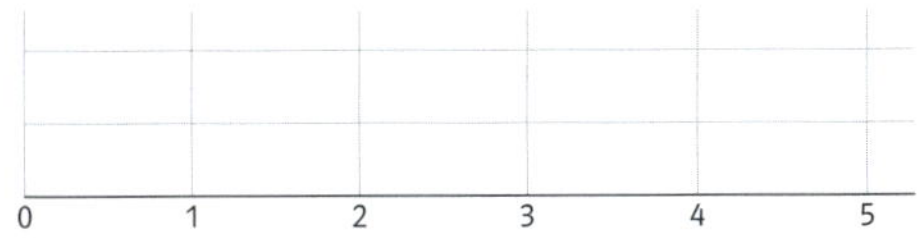

2. Schularbeit:

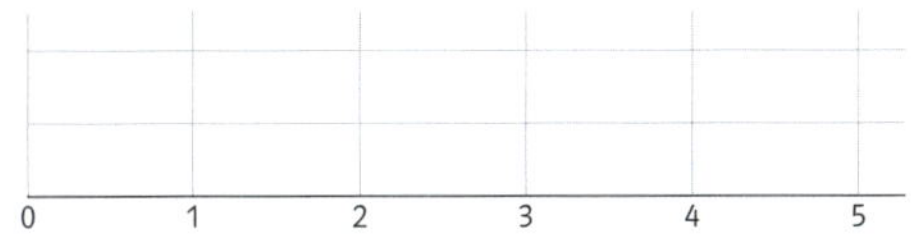

3) Kreuze die zutreffende(n) Aussage(n) zum Vergleich der beiden Schularbeitsergebnisse an!

- ☐ Die zwei Schularbeiten sind gleich gut ausgefallen, da bei beiden Schularbeiten $q_2 = 3$.
- ☐ Der Quartilabstand $q_3 - q_1$ ist bei beiden Schularbeiten gleich groß.
- ☐ Den Kastenschaubildern kann man entnehmen, dass es bei beiden Schularbeiten jeweils ein „Nicht genügend" gegeben hat.
- ☐ Bei der 1. Schularbeit liegen die Ergebnisse im dritten Viertel näher beieinander als bei der 2. Schularbeit.
- ☐ Die 1. Schularbeit ist besser ausgefallen, da q_1 und q_3 kleiner sind als bei der 2. Schularbeit.

4) Stelle die Ergebnisse der beiden Schularbeiten als Punkte in einem Streudiagramm dar!

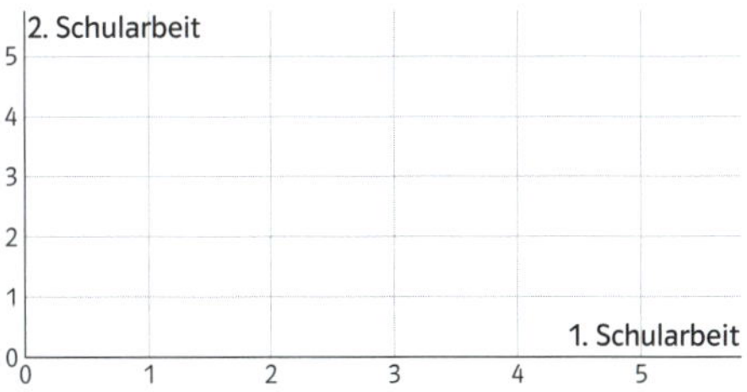

5) Kreuze die zutreffende(n) Aussage(n) zum Vergleich der beiden Schularbeitsergebnisse an!

- ☐ Für jede Schülerin bzw. jeden Schüler gilt, dass die Beurteilung der 2. Schularbeit höchstens um zwei Notengrade von der Beurteilung der 1. Schularbeit abweicht.
- ☐ Schülerinnen und Schüler, die bei der 1. Schularbeit ein „Sehr gut" oder „Gut" erhalten haben, bekommen bei der 2. Schularbeit keine schlechtere Note als „Befriedigend".
- ☐ Bei einem „Befriedigend" bei der 1. Schularbeit streuen die Noten der 2. Schularbeit von „Sehr gut" bis „Nicht genügend".
- ☐ Bei einem „Befriedigend" bei der 2. Schularbeit streuen die Noten von „Sehr gut" bis „Nicht genügend" bei der 1. Schularbeit.
- ☐ Schülerinnen und Schüler, die bei der 1. Schularbeit ein „Genügend" erhalten haben, werden bei der 2. Schularbeit mit „Genügend" oder „Befriedigend" beurteilt.

Abschlussrätsel

267 Trage die gesuchten Begriffe ins Kreuzwortgitter ein!

1. Menge aller Zahlenpaare von Argument und Funktionswert
2. Rotationskörper mit einem Kreis als Grundfläche und einer Spitze
3. Menge aller $(x \mid y)$, welche die Gleichung $a \cdot x + b \cdot y = c$ erfüllen
4. Kastenschaubild
5. Ausgangsgröße bei einer Funktion
6. Zahl in der Mitte einer geordneten Liste von Daten
7. natürliche, ganze, rationale und irrationale Zahlen sind … .
8. Bei einer Funktion f mit $f(x) = k \cdot x + d$ ist k die … .
9. Im rechtwinkeligen Dreieck gilt der … $a^2 = c \cdot p$ bzw. $b^2 = c \cdot q$.
10. Zuordnung von Zahlen zu jeweils genau einer reellen Zahl
11. Teilmenge von $\mathbb{R}$, die von zwei Zahlen begrenzt ist
12. häufigster Wert in einer Datenliste
13. geometrischer Körper mit gewölbter Oberfläche
14. Median einer geordneten Teilliste
15. f(x) ist der … an der Stelle x.
16. Die Zahl π ist das Verhältnis von … zu Durchmesser.
17. Streudiagramm
18. Im rechtwinkeligen Dreieck gilt der … $h^2 = p \cdot q$.
19. Rotationskörper mit zwei kongruenten Kreisen
20. … Varianz und … Standardabweichung